影响青年人一生的

7 一生的个决定

宿春礼　主编

光明日报出版社

图书在版编目（CIP）数据

影响青年人一生的7个决定 / 宿春礼主编 . –– 北京：光明日报出版社，2012.1
（2025.1 重印）

ISBN 978-7-5112-1879-7

Ⅰ . ①影… Ⅱ . ①宿… Ⅲ . ①人生哲学－青年读物 Ⅳ . ① B821-49

中国国家版本馆 CIP 数据核字 (2011) 第 225293 号

影响青年人一生的 7 个决定

YINGXIANG QINGNIANREN YISHENG DE 7 GE JUEDING

主　编：宿春礼

责任编辑：李　娟　　　　　　　　　责任校对：一　苇
封面设计：玥婷设计　　　　　　　　封面印制：曹　净

出版发行：光明日报出版社

地　　址：北京市西城区永安路 106 号，100050

电　　话：010–63169890（咨询），010–63131930（邮购）

传　　真：010–63131930

网　　址：http://book.gmw.cn

E – mail：gmrbcbs@gmw.cn

法律顾问：北京市兰台律师事务所龚柳方律师

印　　刷：三河市嵩川印刷有限公司

装　　订：三河市嵩川印刷有限公司

本书如有破损、缺页、装订错误，请与本社联系调换，电话：010–63131930

开　　本：170mm×240mm

字　　数：200 千字　　　　　　　　印　　张：15

版　　次：2012 年 1 月第 1 版　　　　印　　次：2025 年 1 月第 4 次印刷

书　　号：ISBN 978-7-5112-1879-7

定　　价：49.80 元

前 言

PREFACE

一个人的一生完全取决于自己做出的决定。

过去，有一位长者，以先知先觉而著称。有一天，两个年轻人去找他，想愚弄一下这位智者。

他们中的一个手里抓着一只雏鸟，见到老人后，他们说："智慧的人啊，你认为我手里的小鸟是死的还是活的？"

在他们看来，这个问题只有两个答案，鸟是死的或者活的。如果老人说小鸟是死的，他们就只须将手一松，小鸟就会展翅高飞；如果老人说鸟是活的，他们可以用力一握，把小鸟弄死。

应该说，这是一次两难的选择。

老人久久地注视着他们，微笑着回答说："我告诉你，我的朋友，这只鸟是死是活完全取决于你的手！"

这个古老的寓言告诉我们一个真理：你的人生由你自己决定，你的人生是否精彩也完全由你自己决定，你就是作决定的人。

对年轻人来说，决定是一种考验，只有做出决定才能拿到通往成功的门票；决定更是一种智慧，每一个重要决定都为自己种下一粒命运的种子，只有一个决定正确了，下一个决定也正确了，当所有重要的决定都正确的时候，才能够品尝到成功与喜悦的甘甜果实。

也许有人认为已做出的决定可以更改，但在重新选择的过程中，我们空耗了生命中的些许时光。因此，每一次决定，我们都应慎之又慎，因为它有可能决定我们的一生。

人在年轻的时候会面临无数大大小小的选择与决定，选择恋人伴侣、选择工作、选择生活方式等等，所有的这些都需要我们做出选择和决定。但在选择与决定的道路上却笼罩着层层迷雾：向左走可能是平坦的大道，而旅途的终点却可能是一片荒漠；向右走可能是独木桥，而独木桥的终点却可能是鲜花和掌声。就是因为有许多不确定因素的存在，让很多年轻人不敢做出决定，任由时间飞逝，最终蹉跎岁月，一事无成。

那么如何才能做出正确的决定呢？

本书将给你出谋划策、排忧解难。书中讲述了年轻人面临的 7 个重要问题：朝着何种方向发展，先工作还是继续教育，选择什么样的职业，如何对待跳槽，如何创业，如何面对婚姻，选择什么样的生活方式。本书以精辟的语言、独到的见解、有趣的内容帮助年轻人在人生最重要的事情面前做出明智的决定。

人生最痛苦的事情是在面对重大决定时没有把握好自己的方向，最终与精彩的人生擦肩而过。让每个年轻人都能把握好美丽人生，做好每一个决定，是本书出版的主要目的。

翻开本书将给你一种豁然开朗的感觉，它将成为你的指路明灯，引导你向正确的方向前进。衷心希望每一个年轻的朋友都能够好好品读，细细领悟，让思想的涓涓细流汇聚成生命的浩瀚海洋，为自己创造不一样的人生。

目 录

C O N T E T S

第 4 个决定　如何对待跳槽

第5个决定　成功创业，从哪里开始

第6个决定　拿什么爱你，我的爱人

导　论

导　论

人的一生取决于年轻时的决定

人生有许多十字路口，但关键处就那么几步，特别是在年轻的时候。

如何让自己生活得更好是每个人都在考虑的问题，而年轻的时候打下的基础是一切目标得以实现的前提。

章先生今年 45 岁，身价已有 8 位数，是某集团的总裁，集团下已有十几个子公司，是当地赫赫有名的成功人物。在接受记者采访时，章先生说道："我之所以成功和我年轻时候的努力是分不开的，年轻的时候心气足、胆子大，做什么事都坚决，身体也好，每天工作十几个小时都不觉得累。现在不行了，每天上下楼都觉得气喘吁吁，心气也没以前足了，也害怕失败，做事也畏首畏尾的。所以我奉劝年轻的朋友要多努力，否则到了我这个年纪再想创业就难了。"

三十而立，四十不惑。如今社会正以超乎人们想象的速度发生着巨大的变化，随之而来的是各种竞争的加剧，大到行业领域、企业发展，小到谋职生存、立足社会，空间的竞争压力早已渗透到生活中的各个角落。年轻的时候是人生最具激情、最具创造力也是最易成功的时期。处在这种社会状态下，如果你在年轻时不加紧努力，尽快地"立"起来的话，那么以后想再"立"恐怕就更加吃力了。

年轻就是资本，正是由于年轻时候的努力才有了以后的辉煌。有一首歌的歌词是这样的：

也许你不相信，你也许没留意
有多少人羡慕你，羡慕你年轻
这世界属于你，只因为你年轻
你可得要抓得紧，回头不容易
……

年轻的时候身体好、心气足、有闯劲……是做事情的最佳时期。古人说过，"少壮不努力，老大徒伤悲"。我们每一个人只有趁着年轻的时候多做些有意义的事情，才能使人生不留遗憾。

有个年轻人，20多岁了却什么都不做，整天在家上网、玩游戏，家人都替他着急，劝他趁着年轻赶紧做点有意义的事情，他不耐烦地说："着什么急，以后有的是事情做，玩两年再做也不迟。"于是他继续按着他的理论生活。5年一晃过去了，三十几岁的他还是整天游手好闲，不务正业，不听父母的劝。如今父母去世了，他发现自己什么也没有，什么也不会，于是他开始着急，每天出去找工作，但哪一个公司愿意用一个四十几岁了却没有一点工作经验的人呢？

到老才发现自己什么也没有，才开始做一些在年轻时就该做的事，这显然是可悲又可怜的。

西方有句谚语这样说："年轻的本钱，就是有时间失败第二次。"等到我们老了想做什么都会觉得大不如以前，所以年轻的时候奋斗是很重要的。

决定一个人的一生以及整个命运的，是年轻时做出的决定。所以我们要趁着年轻，不仅要在家庭生活上平稳快乐，更要在自己的事业上有所建树。

今天的决定改变明天的命运

人的一生只有 3 天：昨天、今天和明天，今天是由昨天的选择决定的，而明天是由我们今天的所作所为决定的。因此为了美好的明天，我们就要在今天做出正确的决定。

有 3 个人要被关进监狱 3 年，监狱长打算满足他们每人一个要求。美国人爱抽雪茄，就选择要 3 箱雪茄。法国人最浪漫，选择要一个美丽的女子相伴。而犹太人说，他要一部与外界沟通的电话。

3 年过后，第一个冲出来的是美国人，嘴里鼻孔里塞满了雪茄，大喊道："给我火，给我火！"原来他忘了要火了。

第二个出来的是法国人。只见他手里抱着一个小孩子，美丽女子手里牵着一个小孩子，她的肚子里还怀着第三个。

最后出来的是犹太人，他紧紧握住监狱长的手说："这 3 年来我每天与外界联系，我的生意不但没有停顿，反而增长了 200%。为了表示感谢，我送你一辆跑车！"

这个故事告诉我们，什么样的选择决定什么样的生活。今天的生活是由 3 年前我们的选择决定的，而我们今天的选择将决定我们 3 年后的生活。

我们再来看这样一则小故事：

蓝天白云下，牛在吃草，牧人在挤奶，3 只正在嬉戏的青蛙一不小心掉进了鲜奶桶中。第一只青蛙说："我的命真苦，好端端的掉进牛奶桶里，难怪今天一早眼皮跳个不停。"然后它就盘起后腿，一动不动地等待着死亡的降临。

第二只青蛙说："桶太深了，凭我们的跳跃能力，是不可能跳出去了。

今天死定了。"它试着挣扎了几下，感觉到一切都是徒劳的，于是在绝望之中沉入桶底淹死了。

第三只青蛙环顾四周说："真是不幸！但我的后腿还有劲，我要找到垫脚的东西，跳出这可怕的桶！"

但是，桶里只有滑滑的牛奶，根本没有可支撑的东西，第三只青蛙虽然拼命地挣扎，但是一脚踏空，便又落入黏糊糊的牛奶中。它也想选择放弃，像它的同伴一样安静地躺在桶底，但是一种求生的欲望支撑着它一次又一次地跳起来……慢慢地，它感觉到下面的牛奶硬起来——原来鲜奶变成了奶油块。在奶油块的支撑下，这只青蛙奋力一跃，终于跳出了奶桶。

前两个青蛙选择了放弃，结果都死了，而第三只青蛙决定奋争到底，最后挽救了自己的性命。今天的决定能够改变明天的命运，所以我们要选择接触最新的信息，了解最新的趋势，从而更好地创造自己的未来。

现在就做出你的决定

人生地图上有太多的分岔口，道路往往被迷雾笼罩着：右边可能是独木桥，而桥的终点是鲜花和掌声；左边可能是平坦的大道，而终点是一片荒漠。就是因为这些不确定的因素的存在，让很多人不敢做出决定，任由时间飞逝，最终蹉跎岁月，一事无成。

有一位数学家，遇到每一个问题他都要想上很久很久。

这位数学家的名气很大，尤其是他钻研学问的精神吸引了众多的追随者。有一天，一个美丽的姑娘来到他的面前，她说："伟大的先生呀！让我做你的妻子吧，我是这么爱你！错过我，你再也找不到比我更爱你的女人了。"

数学家也很喜欢她，但是这么大的事情，总要仔细地考虑清楚才行。于是，就对她说："让我考虑考虑！"

姑娘走后，数学家拿出他一贯研究学问的精神，将结婚和不结婚的好坏分别罗列下来，然后仔细斟酌其中的优劣得失，研究了半天，才发现好坏均等。该如何抉择？他反复论证，以期求出一个结果，为此他陷入了长期的苦恼之中。

后来他的一个朋友实在看不下去了，就说："人若在面临抉择而无法取舍的时候，应该选择自己尚未经历过的那一个，不结婚的处境你是清楚的，就是你现在这样。但结婚会是怎样的情况你并不知道。你应该拿出实践的精神，去亲身体验才对！所以，你应该答应那个女人的要求。"

数学家觉得朋友说得有理，于是不再彷徨，来到了那个向他求爱的女人的家中，但是那个女人已经不住在这里了，在 5 年前她就死了。女人的母亲说："你为什么不早点来呢？我的女儿一直在等你！每天她都盼着你来！结果你一直没有来。她绝望了，承受不住这种悲伤，已经伤心地死去了！你为什么不早点来呢？"

"你为什么不早点来呢？"多么深刻的一句话呀！人生没有后悔药，如果你犹豫不决，不能当机立断，那么最后只能两手空空。

机会是稍纵即逝的，在机遇面前，如果你不果断，不能当即做出决定，那么结果只能像数学家那样一无所获，造成无法追悔的遗憾。

每个成功者的背后都有许多交错往复的路，而机遇就像是道旁的路标，指引着善于把握时机的人踏入成功之途。如果你想抓住机遇，迈向成功，就必须当机立断，马上做出决定，唯有如此，才不至于让机会从你手中悄悄溜走。

第 **1** 个决定
朝着何种方向发展

第一节　认识你自己

在规划自己的人生路线时，首先要认识你自己。如果没有一个对自我的清醒认识，制定的路线将建立在不切实际的基础上，那么你将难以实现想要达到的目标。

如何认识你自己

在希腊帕尔纳索斯山南坡上的神殿门上面，写着这样一句话：认识你自己。认识自己才能知道自己有哪些缺点和优点，适合做什么。然而现实中有很多人对自己都不太了解。

已是风烛残年的苏格拉底知道自己时日不多了，就想考验和点化一下他的那位平时看来很不错的助手。他把助手叫到床前说："我的蜡所剩不多了，得换另一根蜡接着点下去，你明白我的意思吗？"

"明白，"那位助手赶忙说，"您的思想光辉需要很好地传承下去……"

"可是，"苏格拉底有气无力地说，"我需要一位最优秀的承传者，他不但要有相当的智慧，还必须有充分的信心和非凡的勇气……这样的人选直到目前我还未见到，你帮我寻找和发掘一位好吗？"

"好的，好的。"助手很温顺很尊重地说，"我一定竭尽全力去寻找，绝不辜负您的栽培和信任。"

苏格拉底笑了笑，没再说什么。

那位忠诚而勤奋的助手，不辞辛劳地通过各种渠道开始四处寻找了。可他领来一位又一位他认为优秀的人选，都被苏格拉底一一婉言谢绝了。当那位助手再次无功而返，回到苏格拉底病床前时，病入膏肓的苏格拉底硬撑着坐起来，抚着助手的肩膀说："真是辛苦你了，不过，你找来的那些人，其实都不如你……"

"我一定加倍努力，"助手言辞恳切地说，"找遍城乡各地、找遍五湖四海，我也要把最优秀的人选挖掘出来，举荐给您。"

苏格拉底笑笑，不再说话。

半年之后，苏格拉底眼看就要告别人世，最优秀的人选还是没有眉目。助手非常惭愧，泪流满面地坐在苏格拉底的病床边，语气沉重地说："我真对不起您，让您失望了！"

"失望的是我，对不起的却是你自己。"苏格拉底说到这里，很失望地闭上眼睛，停顿了许久，才又不无哀怨地说，"本来，最优秀的就是你自己，只是你不敢相信自己，才把自己忽略了、耽误了、丢失了……其实，每个人都是最优秀的，差别就在于如何发掘和重用自己……"话没说完，一代哲人就永远离开了这个他曾经深切关注着的世界。

生活中，最大的悲哀莫过于不了解自己。不了解自己，在面临许多问题时，就会不知应该如何应付和处理，并因此陷入失败的泥沼中，也让别人对自己失去信心。

那么，我们又该如何认识自己呢？

1. 在比较中认识自我

想要了解自己，与他人互相比较是一种最简便、最有效的方法。每当我们需要自问"我在某方面的情况怎样"时，就很自然地使用了这种方法，去了解和判定自己。

在比较中认识自我，不外乎两种情况：一是和周围的朋友、同事等相比较；二是和一些伟大的名人、先贤志士相比较。

与周围的人相比较虽然简便，但称不上十分理想。只要我们仔细地观察一下，就不难发现这样做的缺点。首先应该指出的，就是人们很难在真正公平的情况下互相比较。通常人们会认为，同在一个班级的学生，由同一位教师教导，用同样的题目考试，计分标准也没有差别，应该算是公平的了。但是如果我们再认真地分析一下，每一个班级里的学生之间，无论在身体健康、智力水平、家庭环境、个人经历等各个方面都存在差别，有的甚至差别很大，因而学习的成绩必将有所差异。那么互相比较的结果，是否完全正确呢？

和名人相比较则极富教育意义。历史上有许多圣哲、贤人、英雄、学者都是足以为后世所效法、奉为典范的。不过一般人没有注意到那些伟人贤哲最值得后人效法的，乃是他们立身的准则、处世的态度、认真治学及治事的精神、不屈于困难或逆境的勇气等。这恰恰是大家都可以学，也是应当学习的。至于先贤们的丰功伟业，在某一方面的卓越成就，那自是历史上的重要事实，不过却不一定是每个人所必须与之相齐的。

2. 从人际态度中反馈自我

我们因为看不见自己的容貌，于是照镜了；同样，当我们无法准确地衡量自己的人格品质和行为时，就得利用别人对我们的态度和反映，来进行自我判断。比如某人若是被父母宠爱，被师长重视，被朋友尊重和喜爱，大家都乐于和他交往，愿意和他一同学习或工作，那就表示他一定具备某些令人喜爱的品质。如果他经常被大家推举承担某项工作，或是经常成为周围人们求教的对象，则表明他具备某些才能，或是在某些方面的才能超越了其他人。反之，如果一个人不被周围的人所重视和喜爱，甚至大家对他有厌恶感，不喜欢与他一起工作或参与其他活动，这足以说明他身上存在着某些缺点，可能是来自于性格，也可能来自于他的为人处世之道。

由别人的态度反映出来的自我印象，有时也难免被有意歪曲或夸张。由于对方的偏见或是缺乏了解，使其在赞美或批评时，常常与当事者本身的情况不尽相符。如果单纯据此来建立自我印象，自然是不适宜的。

在用这种方法来认识自己的时候，建议最好多用几面镜子，这样才能认识到一个全面的自己。

3. 用实际成果检验自我

除了根据别人对自己的态度，以及与别人相比较的结果之外，我们还可以凭借自身的实际工作的成果来评定自己。由于这种方法有比较客观的事实作为依据，所以通常因此而建立的自我印象也是比较正确的。这里所指的工作是广义的，并不仅限于学业或生产性的行为。由于每个人所具有才能的性质不同，如果只是看他们在少数项目上的成就，往往不能全面地衡量一个人的能力与作用。

用正确的态度对待自己的短处

金无足赤，人无完人，每个人都有短处。我们只有用正确的态度对待自己的短处，才能让生活变得更好。

布郎原本拥有健康的身体，却在一次车祸中失去了左臂，但是他很想学柔道。

最终，布郎拜一位日本柔道大师做了师傅，开始学习柔道。他学得不错，可是练了 3 个月，师傅只教了他一招，布郎有点弄不懂了。

他终于忍不住问师傅："我是不是应该再学学其他招数？"

师傅回答说："不错，你的确只会一招，但你只需要会这一招就够了。"

布郎并不是很明白，但他相信师傅，于是就继续练了下去。

几个月后，师傅第一次带布郎去参加比赛。布郎自己都没有想到居然轻轻松松地赢了前两轮。第三轮稍稍有点艰难，但对手很快就变得有些急躁，连连进攻，布郎敏捷地施展出自己的那一招，又赢了。就这样，布郎进入了决赛。

决赛的对手比布郎高大、强壮许多，也似乎更有经验。布郎一度有点招架不住，裁判担心布郎会受伤，就叫了暂停，并且打算就此终止比赛。但是他的师傅不答应，坚持说："继续比赛！"

比赛重新开始后，对手放松了戒备，布郎立刻使出他的那招，制服了对手，赢了比赛，得了冠军。

回家的路上，布郎和师傅一起回味每场比赛的每一个细节，布郎鼓起勇气道出了心里的疑问："师傅，我怎么能仅凭一招就赢得了冠军呢？"

师傅答道："有两个原因：第一，你几乎完全掌握了柔道中最难的一招；第二，据我所知，对付这一招唯一的办法是对手抓住你的左臂。"

从这个故事中我们可以看出，凡事无绝对，只要你正视你身上的缺点和短处，学会扬长避短，就能激发出自身的潜能。

每个人都有短处，你若一直对此耿耿于怀，被自己的短处束缚住，那么你必将陷入痛苦的泥潭。

用积极的态度对待自己的弱点，这样做极其重要的作用，就是能产生一种弥补的心理，产生一种开发潜能、超越自我的强大动力。比如世界文化史上的三大怪才就是这方面的卓越典范：文学家弥尔顿失明，大音乐家贝多芬失聪，天才的小提琴演奏家帕格尼尼患有失语症。此外还有很多，比如里贝里、特维斯他们虽然不是老师眼里的好学生，却是世界杯赛场上举世瞩目的精灵。

有一个少年，认为自己最大的弱点是胆小。为此，他很自卑。父母带着他去看心理医生。医生耐心地听完他的故事，握住他的手，非常肯定地说："你只不过非常谨慎罢了，这显然是个优点嘛，怎么能叫弱点呢？谨慎的人总是很可靠，总是很少出乱子。"

少年有些疑惑："那么，勇敢反倒成为弱点了？"

医生摇摇头："不，谨慎是一种优点，勇敢是另一种优点，只不过人们通常更重视勇敢这种优点罢了。就好像白银与黄金相比，人们往往更注重黄金一样。"

医生问："你喜欢啰唆的人吗？"

少年说："不喜欢。"

医生说："但是，你若看过巴尔扎克的小说，就会发现这位伟大的作家很啰唆，常为一间屋子、一个小景色婆婆妈妈地讲个不休。但是没有细致入微的描写，那也就不是巴尔扎克的小说了。你能说那是巴尔扎克的弱点吗？"

少年笑了。

医生问："你讨厌酒鬼吗?"

少年说："当然。"

医生问："那你讨厌李白吗?"

少年说："当然不。"

医生问："难道李白不是酒鬼吗?"

少年纠正医生的话："不对,李白不是酒鬼,而是爱喝酒的诗人,他能斗酒诗百篇呢。"

医生笑道："对,我赞同你的观点,弱点在不同的人身上,会呈现不同的色彩:有的人喝酒,仅仅是个酒鬼;而李白则是酒中的诗仙。"

医生又说："天底下没有绝对的弱点。所谓的弱点,在一定条件下也可能成为优点。如果你是位战士,胆小显然是弱点;如果你是司机,胆小肯定是优点。"

从上面的例子中我们可以明白这样一个道理:人的短处和长处之间没有绝对的界限,许多短处和长处是相通的,并能相互转化。那么如何将弱点转化为优点呢?

(1) 孤立弱点,将它研究透彻,然后制订一个计划克服这个弱点。

(2) 详细列出你期望达到的目标。

(3) 想象一幅将你自己的弱势变成强势的景象。

(4) 立即开始成为你希望的强人。

(5) 在你的最弱之处,采取最强的步骤。

(6) 请求他人的帮助,相信他们会这样做的。

生命如花,每个人的生命都像一朵花,尽管不可能是完美无缺的一朵花。有的是艳花,有的是香花。艳花大多不香,香花大多不艳,艳而香的花大多有刺。只有艳者取其艳,容其不香;香者取其香,容其不艳;艳且香者取其艳香,容其有刺,才可能成为最灿烂、最精彩、最具特色的一朵花。对待自己的短处也是如此,要采取正确的态度,能改掉的就改掉,对于那些自己不能改变的缺陷要坦然地接纳。

第二节　让目标引领人生航向

目标是路标，它把我们引向充满机会和希望的征途；目标是钥匙，我们利用它打开了自己的命运之门；更为重要的是，目标能让我们把机会变成现实。那么，我们应该树立怎样的目标？为了实现目标，又该怎样做呢？

目标就是你未来的现实

什么样的目标决定什么样的人生，你在制定目标的同时也正在勾勒自己的未来，决定未来将过怎样的生活。

一起看看下面这则故事：

一个城郊的居民区住着 3 户人家，他们的平房紧紧相邻着，3 个男人都从农村被招工进了一家炼铁厂。

厂里工作辛苦，工资又不高。下了班，3 个人都有自己的活儿。一个到城里去蹬三轮车，一个在街边摆了一个修车摊，还有一个在家里看书、写点文字。蹬三轮车的人钱赚得最多，高过工资；修车的也不错，能对付柴米油盐的开支；看书写字的那位虽没有别的收入，但也活得从容。

有一天，3 个人说起自己的愿望。蹬三轮车的人说，我以后天天有车蹬就满足了。修车的说，我希望有一天能在城里开一间修车铺。喜欢看书写东西的那个人想了很久才说，我以后要离开炼铁厂，我想靠我的文字吃饭。其他两位当然都不信。

　　5年过去了，他们还是过着同样的生活。10年后，修车的那位真的在城里开了一家修车铺，自己当起了老板。蹬三轮车的那位还是下班了去城里蹬车。15年后，看书写字的那位发表的一些作品，在地区引起了不少关注。20年后，他的作品被一家出版社看中，他被调到省城当了编辑。

　　目标就是你未来的现实，你给自己定什么样的目标，你以后就将过什么样的生活，炼铁厂的3个工人因为目标不同，所以20年后的生活也不同。因此我们在制定目标时要放眼长远。

　　目标是前进的一个灯塔，我们所有的精力与力气都是为它储备的。目标的大小直接决定着成就的大小。正如拿破仑所说："我成功，因为我志在成功。"

　　在一个炎热的夏日，一群工人正在铁路的路基上工作，这时，一列缓缓开来的火车打断了人们的工作。火车停了下来，最后一节车厢的窗户被人打开，一个低沉而友好的声音响了起来："汤姆，你好啊！"

　　汤姆——这群工人的负责人回答说："噢，吉姆，见到你真高兴。"

　　于是，汤姆和铁路的总裁吉姆进行了愉快的交谈。在长达一个多小时的交谈之后，两个人热情地握手道别。

　　汤姆的下属立刻把他围了起来，他们对于他是铁路总裁的朋友这一点感到非常震惊。汤姆解释说，10多年前，他和吉姆·墨菲在同一天开始在一家铁路工程公司工作。

　　其中一个工人半认真半开玩笑地问汤姆："那为什么你现在仍在骄阳下工作，而他却成了总裁呢？"

　　汤姆非常伤感地说："23年前，我为1小时1.75美元的薪水而工作，而他却是在为一整条铁路而工作。"

　　目标远大常会给人们带来创造性的思想火花，使人们取得辉煌的成就。正如约翰·贾伊·查普曼说的："世上历来最敬仰的是目标远大的人，其他人无法与他们相比……贝多芬的交响乐、亚当·斯密的《原富》，以及人们赞同的任何人类精神产物……你热爱他们，因为你说，这些东西不是做出来的，而是他们的真知灼见发现的。"

成功人士都是在远大的目标激励下取得成功的，奥运会金牌得主不光靠他们的运动技术，更重要的是要靠远大的目标的推动力。远大的目标激励人们前进，随着梦想的实现，你会明白成功的要素是什么。没有远大的目标，人生就像没有瞄准的射击运动，就没有更崇高的使命能给你希望。正如道格拉斯·勒顿说的："你决定人生追求什么之后，你就做出了人生最重大的选择。要能如愿，首先要弄清你的愿望是什么。"有了理想，你就看清了自己想取得什么成就。有了目标，你就有一股无论顺境还是逆境都能勇往直前的冲劲，目标能使你取得超越你自己能力的成就。

当你有远大目标时，你才能取得事业上的成功。远大的理想，能造就成功的人物。一个人拥有什么并不重要，重要的是他如何获得他想要的东西。

确定心中想要的生活

1953 年，美国哈佛大学曾对当时的应届毕业生做过一次调查，询问他们是否对自己的未来有清晰明确的目标，以及达到目标的书面计划，结果只有不到 3% 的学生有肯定的答复。20 年后，研究者再次访问了当年接受调查的毕业生，结果发现那些有明确目标及计划的学生，在 20年后不论在事业成就、快乐及幸福程度上都高于其他人。而这 3% 的人的财富总和，居然大于另外 97% 的所有学生的财富总和，而这就是设定目标的力量。

确立目标，是人生规划的第一乐章。不甘平庸的人，必须要有一个明确的追求目标，才能调动自己的智慧和精力。

在现实生活中，确有许多"平庸之辈"有着不甘平庸的心，这是一个积极处世的人不容回避的问题。作为一个平凡的人，尽管不可能轰轰烈烈，但要使平凡的人生较常人有稍许不同，尽可能比他人强一些，是肯定能办到的。

我们需要掌握生存的智慧，思考成功，追求卓越，对人生的意义、人生的价值、人生的幸福等问题交出较满意的答卷。不甘平庸，崇尚奋斗，正是人生之歌的主旋律。

没有明确的目标，没有努力的方向，显然如竹篮打水，终将一无所有。

正如美国成功学家拿破仑·希尔所言："你过去或现在的情况并不重要，你将来想获得什么成就才最重要。除非你对未来有理想，否则做不出什么大事来。有了目标，内心的力量才会找到方向。"

可以说，一个人之所以伟大，是因为他有一个伟大的目标。

规划你的人生，确定目标是首要的战略问题。目标能够指导人生、规范人生，是成功之第一要义。目标之于事业，具有举足轻重的作用。忽视目标定位的人，或是始终确定不了目标的人，他的努力就会事倍功半，难以达到理想的彼岸。

日常生活中，你一定会先决定目的地，并且带好地图，才会出远门。然而，100个人当中，大约只有两个人清楚自己一生要的是什么，并且有可行的计划最终到达目的地。这些人都是各行各业中的领导者——没有虚度此生的成功者。因为，一个一心向着自己目标前进的人，整个世界都会给他让路。

如果你确定知道自己要什么，对自己的能力有绝对的信心，你就会成功。如果你还不知道自己的一生想要追求什么，那么从现在就开始，此时此刻，想好自己要什么，你有几分决心，何时会做到。

确定心中想要的生活，利用以下4个步骤，认清你的目标：

(1) 把你最想要的东西，用一句话清楚地写下来；当你得到或完成你想要的事物，你就成功了。

(2) 写出明确的计划，清楚地写出为了达到这个目标，你要怎么做。

(3) 订出完成既定目标明确的时间表。

(4) 牢记你所写的东西，每天复述几遍。

遵照这4个步骤，很快地，你可能会惊讶地发现，你的人生愈变愈好。这一套模式将引导你与无形的伙伴结伴同行，让他替你除去途中的障碍，带给你梦寐以求的有利机会。持续按照这些步骤进行，你就不会因为别人的怀疑而动摇。

记住，任何事情都不是偶然发生的，都是有一定原因的，包括个人的成功。成功都是下定决心、相信自己能做到的人，以切实的行动、谨慎的规划及不懈的努力而达到的结果。

明确的目标使"不可能"失去作用，它是所有成功的起点。不用花一分钱，每个人都可以轻易拥有，只要下定决心，确实执行。

不让错误目标误导人生

目标是指引人生前进的灯塔，如果目标错了，那么人生会怎样呢？

水自高原流下，由西向东，渤海口的一条鱼逆流而上。

它的游技很精湛，因而游得很精彩，一会儿划过浅滩，一会儿冲过激流，它穿过了层层渔网，也躲过了无数水鸟的追逐。它不停地游，最后穿过山涧，挤过石隙，游上了高原。

然而，它还没来得及发出一声欢呼，瞬间就冻成了冰。

若干年后，一群登山者在高原的冰块中发现了它，它还保持着游动的姿势。有人认出这是渤海口的鱼。

一个年轻人感叹说，这是一条勇敢的鱼，它逆行了那么远、那么长、那么久。

另一个年轻人却为之叹息说，这的确是一条勇敢的鱼，然而它只有伟大的精神却没有正确的方向，它极端逆向的追求，最后得到的只能是死亡。

勇气固然可贵，但如果方向不对，那么最后也只能以悲剧告终，上面故事中的鱼就是最好的例证。

我们在制定目标时应该谨慎，不要让错误的目标把我们带到可怕的深渊。

那么，该怎么制定合适的目标呢？下面的几点建议可供参考：

1. 制定目标时应该明确

有些人也有自己奋斗的目标，但是他们的目标是模糊的、泛泛的、不具体的，因而也是难以把握的，这样的目标同没有差不多。

比如，一个人在青少年时期确定了要做一个科学家的目标，这样的目标就不是很明确。因为科学的门类很多，究竟要做哪一个学科的科学家，确定目标的人并不是很清楚，因而难以把握。

目标不明确，行动起来也就有很大的盲目性，就有可能浪费时间，甚至耽误前程。

生活中有不少人，有些甚至相当出色，由于确立的目标不明确、不具体而一事无成。

2. 制定的目标要切合实际

一个人确立奋斗的目标，一定要根据自己的实际情况来确定，要能够发挥自己的长处。

如果目标不切实际，与自己的自身条件相去甚远，那就不可能达到。为一个不可能达到的目标而花费精力，同浪费生命没有什么两样。

3. 目标要专一

一个人确定的目标要专一，切忌不断变化。

确立目标之前需要做深入细致的思考，要权衡各种利弊，考虑各种内外因素，从众多可供选择的目标中确立一个。

一个人在某一个时期或一生中一般只能确立一个主要目标，目标过多会使人无所适从，应接不暇，忙于应付。

生活中有一些人之所以没有什么成就，就是因为他们经常确立目标，也经常变换目标，就是所谓的"常立志"。

4. 要确立长期的目标

一个人要取得巨大的成功，就要确立长期的目标，要有长期作战的思想和心理准备。任何事物的发展都不是一帆风顺的，世界上没有一蹴而就的事情。

有了长期的目标，就不怕暂时的挫折，也不会因为前进中有困难就畏缩不前。许多事情，不是一朝一夕就能做到的，需要持之以恒的精神，必须付出时间和代价，甚至一生的努力。

5. 制定的目标要远大、有重大价值

目标有大小之分，这里讲的主要是有重大价值的目标。只有远大的目标，才会有崇高的意义，才能激起一个人心中的渴望。

一个人确定的目标越远大，他取得的成就就越大。远大的目标总是与远大的理想紧密地结合在一起的，那些改变了历史面貌的伟人们，无一不是确立了远大的目标，这样的目标激励着他们时刻都在为理想而奋斗，最后终于获得了成功。

第三节 起步，从这里开始

充分认识自己并且制定了目标之后，就要发挥自己的才能，达到伟大的目标。那么要怎样做到这一点呢？

充实自我，把握机遇

有位哲人说："每一天都会有一个机遇，每天都会有一个对某个人有用的机遇，每一天都会有一个前所未有的、绝不会再来的机遇。"

著名剧作家萧伯纳曾说过一句非常有哲理的话："人们总是把自己的现状归咎于机遇，我不相信机遇。出人头地的人，都是主动去寻找自己所追求的机遇的人，如果找不到，他们就去创造机遇。"在现实生活中，我们经常会听到一些人埋怨自己运气不好，他们怨天尤人，怪罪父母没有给自己创造好条件，责备社会没有给自己提供好机会，感慨生不逢时，羡慕成功者，认为他们赶上了好时候、好地方……然而，除了抱怨和暗自神伤以外，他们没有为自己做任何事情。这样的人，不会创造机遇，只会消极等待。

年轻人不应该有这种想法，而应该积极充实自我，随时准备迎接机遇的降临。充实自我，应该从以下几方面入手：

1. 做好知识的积累

有些人空叹机遇难求，可是他们平时脑子里空空如洗，再好的机遇也只能让它悄悄溜走。

综观古今中外杰出人物的成功史，我们不难发现：机遇的到来是平时

21

知识的积累、刻苦勤奋的结果。

就像当年曾处在同一起跑线上的学生一样，他们中的一些人之所以毕业不久就取得骄人的成绩，是因为他们在学校时就只争朝夕、刻苦学习、拼搏进取，练就了抓住机遇的本事。

每个人都应该抓紧时间，不断学习，用扎实丰厚的知识储备去全面提高自己的素质和能力，这样才能更好地把握机遇，才能不断提高成功的概率。

2. 提高自身的素质

(1) 积极进取。做事采取主动，走在别人的前头；凡事多出一份力，多走一步路；令事情发生，而不是等待事情发生；尝试一切方法，去把工作做到最完善。

(2) 乐观。多往好处想，懂得激励自己；不被困难吓倒，反而要在困难、挫折中寻找机遇，化弱点为优点；深信艰辛的日子终会过去，前途将会更灿烂。

(3) 成就感。确立事业方向，制定目标，然后全力以赴，力求达到目标，争取成功。这是一种"我做得到"的自豪感。

(4) 自信。相信自己只要拼搏苦干，便能够应付困难，完成任务；相信只要自己肯苦干，环境就会改善，对自己有利。

(5) 态度开放。不随便或胡乱排斥新思想、新作风，相反，能够广泛吸收新知识，容忍不同意见、风格，吸取对自己有用的资源和材料。

(6) 创新。有目标地求变、求新；承认自己有不足的地方，敢于改善，并不胡乱排斥旧东西，但敢于尝试新方法、改变方向，寻求更有效的做事方法。

(7) 冒险。在苦干、探索阶段，能够忍受种种不确定的因素的出现；经过周密的形势分析，相信对自己有利的条件即将出现，于是不管路上有多大障碍也要勇往直前。

(8) 要锻炼出敏锐的洞察力和思维能力。大多数青少年在念书时成绩都很优异，但后来的成就却相差悬殊，关键在于有些青少年，一天到晚都在学习书本知识，而不注意培养自己的洞察力和思维能力，当面对新出现的复杂问题时，总是一筹莫展，或者粗心大意，结果与机遇失之交臂，丧失了取得成功的机会。

所以，每一个人不仅要尽可能地掌握广博的理论知识，还要从中不断地锻炼自身敏锐的观察力、准确的判断力、丰富的想象力和科学的预见力，从而提高自身的综合素质。

这样，我们就会在复杂的情况下及时发现和正确利用机遇，在为社会做贡献的过程中发展自己的事业，实现自己的人生价值。

就像著名数学家华罗庚说的那样："科学的灵感，绝不是坐着可以等来的。如果说，科学上的发现有什么'偶然的机遇'，也只能给那些有素养的人，给那些善于独立思考的人，给那些具有锲而不舍精神的人而准备的。"

每一个年轻人都应该在平时努力提高自身能力，苦练"内功"，时刻充实自己，迎接挑战！

做好手头的事情

理想和目标的实现是不可能一蹴而就的，必须从现在做起，先做好手头的事情，才可能实现以后的梦想。

古罗马大哲学家西刘斯曾说过："想要达到最高处，必须从最低处开始。"事实也的确如此。

有不少刚刚大学毕业的年轻人，自以为读了不少书，长了不少见识，就有点飘飘然，做了一点事就以为索取是重要的，对自己的所得也越来越不满意了。几年过去了，自己越想得到的却越是得不到，于是不知足的心理占据了内心。

有一个刚从学校毕业的大学生，踌躇满志地进入一家公司工作，却发现公司里有很多局限性，而领导分配给自己的工作又是一个谁都能胜任的办公室日常事务性工作，一向自视清高的他，别提多么失望了。

他到处发泄自己的不满，但好像并没有人理他，就这样，他只好埋头干活，虽然心里经常存有不情愿的感觉，但不再像刚去的时候那样浮躁了。他努力去做自己手头上的事情，做好一件，得到领导的一次肯定，自己的"虚荣心"就被满足一次。靠着这种卑微的"虚荣心满足"，日子就这样一天天过去了。

有一天，他认识了一个白发苍苍的老人，开始他并没有注意到这位老人，只是后来由于工作的需要，和老人接触了几回。经人介绍，他才知道这位老人就是赫赫有名的卡普尔先生，他是公司总裁的父亲，但他没有因为特殊的身份而讲究太多。他竟然是那么平常，那么不起眼，每天与大家一样上班下班，风雨无阻。

实在让人不敢想象！

年轻人记得老人曾经对他说过这样一句话："把手头上的事情做好，始终如一，你就会得到你想要的东西。"

年轻人记住了老人的教诲，开始投入地做每一件事情，无论自己如何的不情愿，都尽心尽力地做好。他的心态也因此而越来越平和了。

要实现自己的目标必须付诸行动，做好手头的事情。如果只是一味等待、空想，那么理想永远只是理想，不可能实现。

罗耶在米其林公司从事仓库管理工作，刚开始，他对手头上的工作兴趣不大，但他不断告诫自己，务必培养这方面的兴趣，不管以后怎么样，至少不要让自己在工作中感到无聊、烦闷，要以一种愉快的心情在工作中等待更好的机会。但是，米其林公司在法国是有名的大公司，公司内人才济济，要想出人头地，是很有难度的。

然而，罗耶并不因为现在的这份工作而无精打采，而是抓住一切机会，想尽办法把工作做得更完美。罗耶认为，要想在这个岗位上突出自己，就要让上司明白自己每天都在干些什么，否则就不可能有机会被赏识、被重用。

有了这个想法之后，罗耶给自己制订了几个工作要点：

第一，每天都列表呈报物料的变动情况，并用红线标示接近储存量最低点的产品，提醒上司注意。

第二，单独列表呈报低于规定储存量的产品，以表示存货不足。

第三，存货过多的产品，也单独呈报，让上司检讨、反思。

第四，标示出几个月或长期没有进出口的滞销产品。

这样，经过罗耶的一番精心设计，原来静态的仓库管理工作变得动态起来，而且他也引起了上司的注意。

尽管仓库管理员这个岗位没有什么东西值得表现，但几年来，罗耶一直都在竭尽全力表现自己，给上司留下好印象。最终，罗耶以他认真负责的工作态度赢得了上司的赏识和嘉奖，成为公司一名优秀的中层管理人员。

我们要想实现自己的梦想，就必须从身边的事情做起，力求完美，唯有如此才能让自己更好地向着目标迈进。

让未来的你决定现在的事

有时候我们会感到迷茫，不知道自己该干什么，找不到人生的方向，那么该怎样解决这个困扰呢？

这则选登在《读者》上的故事以自述的方式讲述了主人公在茫然迷惑的境地中如何决定自己的人生线路并最终走向成功的"音乐之旅"。

那时他19岁，在美国某城市的一所大学主修计算机，同时在一家科学实验室工作。繁忙的学习与工作让他一天的24小时几乎没有任何空余，但他仍一有时间便从事其所钟爱的音乐创作。

他酷爱作曲，出于对音乐共同的热爱，他结识了一位与他同龄的作词的女孩，也正是这位聪慧的女孩帮助他在迷茫中找到了事业的起点。

她知道他对音乐的执着，然而，面对那遥远的音乐界及整个美国陌生的唱片市场，他们没有任何渠道和办法。一天，两人又静静地坐着，若有所思，但又一无所获，他甚至不知道目前的自己应该做些什么。突然间，她很严肃地问了他一个问题：想象一下，5年后的你在做什么？他愣了，不知该如何回答。她转过身来，继续给他解释："你心目中'最希望'5年后的你在做什么，你那个时候的生活是什么样子的？"

他沉思过后，说出了自己的期冀：第一，5年后他希望能有一张广受欢迎的唱片在市场上发行，得到大家的肯定；第二，他要住在一个有丰富音乐的地方，天天与一些世界上顶级的音乐人一起工作。

女孩下面的话对他意义重大，她帮助他做了一次时光推算：如果第五年，他希望有一张唱片在市场上发行，那么，第四年他一定要跟一家唱片公司签上合约。那么，第三年他一定要有一个完整的作品能够拿给多家唱片公司试听。第二年，一定要有非常出色的作品已经开始录音了。这样，第一年，他就必须要把自己所有要准备录音的作品全部编曲，排练就位，做好充分准备。第六个月，就应该把那些没有完成的作品修饰完美，让自己从中逐一做出筛选，而第一个月就是要把目前手头的这几首曲子完工。因此，第一个星期就要先列出一个完整的清单，决定哪些曲子需要修改，哪些需要完工。话说到此，她已经让他清楚自己当下应该做些什么了。

对于他的第二个未来畅想是，她继续推演，如果第五年他已经与顶级音乐人一起工作了，那么第四年他应该拥有一个自己的工作室。那么，第三年，他必须先跟音乐圈子里的人在一起工作。第二年，他应该在美国音乐的聚集地洛杉矶或者纽约开始自己的音乐旅程。

他在这番时光推演中，找到了自己的人生路线。他让未来决定自己当下应该做的事情。第二年，他辞掉了令人羡慕的稳定工作，只身来到洛杉矶。6年之后，他过上了当年畅想的生活。

这个故事读来意味深长。

如果，你自己都不知道这个答案的话，你又如何要求别人为你做出选择或开辟道路呢？生命中，上帝已经把所有"选择"的权力交到我们自己手上。 如果，你经常对你的生命问"为什么会这样"，你不妨试着问一下自己，你是否"清清楚楚"地知道你自己要的是什么？

多想想"未来将是什么样子，如何才能变为那个样子"，而不要一直在痛苦"路该怎么走"。

第 **2** 个决定
先工作还是继续教育

第一节　人生岔路口，向左走还是向右走

工作就是要赚钱，要面临巨大的竞争压力和残酷的就业形势；继续教育就是要开拓更宽广的就业路，要面临教育期间的磨难和以后就业前景的挑战。站在人生的岔路口，你选择向左走还是向右走？

知道自己想要的

先工作还是继续教育这个问题其实并没有答案，因为每个人的情况都不一样，每个人的理想也不同。有的人选择大学毕业后继续深造，中间不参加工作；有的人在工作三五年后继续深造；而有的人则一直工作。所以先工作还是继续教育要看你整个人生的规划，按人生的需求来追求你人生领域里的最高法则。

上小学的时候我们也许都学过《小猴子下山》这篇课文，讲的是：

有一只小猴子有一天来到山下，它走入一块玉米地，看见玉米结得又大又多，非常高兴，就掰了一个，扛着往前走。小猴子扛着玉米，走到一棵桃树下，它看见满树的桃子又大又红，非常高兴，就扔了玉米去摘桃。后来又看到西瓜地里的西瓜，于是小猴又扔了桃子去摘西瓜。当小猴子抱着大西瓜往回走时，看见一只小兔蹦蹦跳跳的，它非常高兴，就扔了西瓜去追小兔。小兔跑进树林不见了，小猴子只好空着手回家去了。

小猴子不知道自己想要什么，看到什么捡什么，最后只落得两手空空。我们不也常常如此吗？在选择自己要走的路时，我们犹豫不决，工作时想要继续深造，所以辞掉工作一门心思学习，不到 3 个月就坚持不住了，觉得自己不适合学习，于是又去工作，几个回合下来，工作没做好，学习也没学到什么，虚度了光阴。

人生毕竟很短暂，没有太多的时间让我们去挥霍，所以我们要认准自己想要的，然后朝一个方向坚定地走下去。

有一位父亲带着 3 个孩子，到沙漠去猎杀骆驼。

他们到达了目的地。

父亲问老大："你看到了什么？"

老大回答："我看到了猎枪、骆驼，还有一望无际的沙漠。"

父亲摇摇头说："不对。"

父亲以同样的问题问老二。

老二回答说："我看到了爸爸、大哥、弟弟、猎枪，还有沙漠。"

父亲又摇摇头说："不对。"

父亲又以同样的问题问老三。

老三回答："我只看到了骆驼。"

父亲高兴地说："答对了。"

站在人生的岔路口，必须有明确的目标，知道自己想要什么，一旦选定了方向就要专注于此，然后朝着自己想要的目标不断地努力。

有了机会就抓住

"过了这个村，就没了这个店"是中国的一句俗话，其实面对先工作还是继续教育这个两难的问题时也是这样，错过了就不会再来。所以如果我们遇到好的工作就要先工作。

一位富翁在散步时他的狗跑丢了，于是富翁就在当地报纸上发了一则启事：有狗丢失，归还者，付酬金1万元。

启事刊出后，送狗者络绎不绝，但都不是富翁家的。富翁的太太说，肯定是真正捡狗的人嫌给的钱少，那可是一只纯正的爱尔兰名犬。于是富翁就把电话打到报社，把酬金改为2万元。

一位沿街流浪的乞丐在一张旧报纸上看到了这则启事，立即跑回他住的桥洞，因为前天他在公园的躺椅上打盹时捡到了一只狗，现在这只狗就在他住的那个桥洞里拴着。竟然是富翁家的狗。

乞丐第二天一大早就抱着狗出了门，准备去领2万元酬金。当他经过一个小报摊的时候，无意中又看到了那则启事，不过赏金已变成3万元。

乞丐又折回他的桥洞，把狗重新拴好。第四天，悬赏额果然又涨了。

在接下来的几天时间里，乞丐天天浏览当地报纸的广告栏。当酬金涨到使全城的市民都感到惊讶时，乞丐返回他的桥洞。可是那只狗已经死了，因为这只狗在富翁家吃的都是鲜牛奶和烧牛肉，对于这位乞丐从垃圾桶里捡来的东西根本不屑一顾。

错过不再来，乞丐因贪婪丧失了赚钱的好机会，最后两手空空。

飞儿乐队有一首歌的歌词是"我们的爱，过了就不再回来"，现在我们要把它演绎成"我们的好工作错过就不再回来"。

刘美，应届本科毕业生，看着周围的人不是忙着找工作就是忙着考研，自己很是着急，不知道是工作还是考研。

眼看求职形势越来越严峻，她选择了考研。可没多久，周围同学都忙着找工作，她也开始着急，心想考研不成功，到时就没退路了。

于是，她又开始四处投简历，但都石沉大海，没有收到任何通知面试的消息。到了考研放榜的日子，她很失望，自己只考了300分，还没到国家线。

正当她下定决心再次准备考研时，有一所重点中学决定录用她，各方面待遇都很不错，但刘美毅然选择了再次考研。

苍天总爱捉弄人，第二年刘美以离研究生的国家线 1 分的差距考研再次失败，现在她正在四处找工作，但是都不是很理想。刘美现在很后悔没有去那所中学工作。

世界上没有卖后悔药的，所以你在做决定时要慎重考虑。现在社会竞争激烈，找到一份好工作是很不容易的，所以如果遇到好工作，那么就不要错过机会。

坚韧让你成功

在选择工作或继续教育时会面临种种为难之处，在做出决定后也会面临工作上的各种挫折或学习的烦扰，那么在面对它们时，只有采取坚韧的态度才能取胜。

拿破仑出生于穷困的科西嘉没落贵族家庭，他父亲送他进了一个贵族学校。他的同学都很富有，大肆讽刺他的穷苦。拿破仑非常愤怒，却一筹莫展，屈服在威势之下。就这样他忍受了 5 年的痛苦。但是每一种嘲笑，每一种欺侮，每一种轻视的态度，都使拿破仑增加了决心，发誓要做给他们看看，他的能力确实是高于他们的。

他是如何做的呢？这当然不是一件容易的事。他一点也不空口自夸，只在心里暗暗计划，决定利用这些没有头脑却傲慢的人作为桥梁，使自己得到财富和崇高的地位。

在拿破仑 16 岁当少尉的那年，他遭受了另外一个打击，那就是他父亲的去世。从那以后，他不得不从很少的薪金中，省出一部分来帮助母亲。当他接受第一次军事征召时，必须步行到遥远的发隆斯加入部队。等他到了部队时，看见他的同伴正在用多余的时间追求女人和赌博。而他那不受人喜欢的身材使他没有资格得到以前的那个职位，同时，他的贫困也使他失掉了后来争取到的职位。于是，他改变方针，用埋首读书的方法，努力和他们竞争。读书是和呼吸一样自由的，因为他可以不花钱在图书馆里借书读，这使他得到了很大的收获。

拿破仑并不读没有意义的书，也不是以读书来消遣自己的烦闷，而把读书当作为实现将来的理想所做的必要准备。他下定决心要让全天下的人都知道自己的才华。通过几年的用功，他读书时所做的记录，经后来印刷出来的就有 400 多页。他想象自己是一个总司令，将科西嘉岛的地图画出来，地图上清楚地指出哪些地方应当布置防范，这是用数学的方法精确地计算出来的。因此，他数学的才能获得了提高，这使他第一次有机会表示他能做什么。

长官见拿破仑的学识很好，便派他在操练场上做一些工作，这是需要极高的计算能力的。拿破仑的工作做得极好，于是他获得了新的机会，并开始走上有权有势的道路。这时一切的情形都改变了，从前嘲笑他的人，现在都拥到他前面来，想分享一点他得到的奖励金；从前轻视他的人，现在都希望成为他的朋友；从前揶揄他矮小、无用、死用功的人，现在也都十分尊重他。他们都变成了拿破仑的忠心拥戴者。

拿破仑取得成功的重要原因就是用坚韧的毅力直面眼前的困难。我们不论选择工作，还是继续教育，都必须以坚韧的毅力面对二者存在的困难和挑战，只有这样才能让自己取得最后的成功。

第二节　国内深造与出国留学，你选择哪个

继续教育是人生的一件大事，在踏上继续教育的征途前，我们有可能要面临选择在国内还是去国外深造的难题。一边是生活多年并熟悉的祖国，一边是充满诱惑和新奇的陌生世界，人生的十字路口，我们何去何从？

当出国成为一种时尚

20多年前，出国、留学对大多数人来说还很陌生。如今的中国已掀起了出国的热潮，托福、GRE成了许多年轻人的流行词汇。中国留学生的总数已经超过30万人，而且每年还有2.5万人不断加入留学大军之中。

为什么出国留学热潮如此波涛汹涌呢？原因如下：

1. 就业的前景

中国的经济体制改革与经济全球化的趋势碰撞，国内经济结构的调整加速，过渡阶段失业率增高的步伐加速，教育成为就业和再就业的主要途径。同时，在国际化过程中，需要大量熟悉国际事务的专业执行人才；与国际日渐频繁的经贸往来，需要通晓两地语言文化的人才作为沟通的媒介，因此留学归来的人，将会成为国内国际化潮流的中坚力量，他们在求职场上也具有更强的竞争力。所以，良好的就业前景也成了人们热衷出国的理由。

2. 实力的差距

出国留学热的掀起，究其根源，是由某些国家和地区科学先进、技术

发达、经济繁荣、学术创新遥遥领先等因素决定的。

有一家留学中介公司是这样描述留学的："……近200年来，特别是20世纪以来，人类已经达成一个共识：人类智慧宝库是世界上各种文明共同支撑起来的喜马拉雅。不同文明之间撞击的火花，或是科学，或是技术，或是文化，或是艺术的最新成果。换言之，谁能够更多地掌握另一种文明，谁就向着珠穆朗玛的巅峰更靠近一步，谁就更有可能站在世界的屋脊欣赏脚下绚丽的风光……"多么华丽的辞藻啊！可惜这座珠穆朗玛目前并不在中国，也不在国外。

必须承认，正是中国在社会发展、经济实力、科学技术等方面与发达国家的差距，导致了一波又一波跨国的"孔雀东南飞"。例如，美国人不需要把中文列为必修课；中国人则必须把英语列为必修课。美国人不需要把中国的银河系列计算机作为教学内容；中国人则必须把微软平台作为教学内容。这是一个无法忽视的客观存在。不是说中文就比英语难懂，也不是说银河的档次低，而是我们的综合实力还不足以让汉语风靡全世界、让银河系列成为计算机的首选。正是因为实力的差距，所以吸引了无数人飞往他们所向往的国度。

3.先进的教育

国外的先进教育使出国留学成为年轻人最爱的选择。

一位在加拿大读书的中国年轻人说："不可否认，国外的本科教育从某种意义上讲是不如国内的，但是要知道很多人花大钱出国为的是找这个环境，一个有外语并可以充分展现自己的环境！国内的大学对学生的要求是死的：必须读4年才让你毕业，而在大部分西方国家多是3学期制，这给了学生充分的自由空间，可以掌握自己的作息时间和生活。我可以在2年之内完成国内学生3年完成的课程，两年半的时间完成国内4年的课程。有这么句老话：'时间就是金钱！'但谁都明白，时间是多少金钱也买不到的，但在我看来，如果你有足够的经济条件，出国读书却是一个可以买到时间的方法。"

人往高处走，出国对于年轻人的自身发展无疑也是有好处的，开阔视野和国外较好的学习条件也使很多人选择出国。

事实上，作为一个年轻人，应该认识到出国留学，再回报祖国，是一个民族忍辱负重、自强不息、探求富强和振兴的过程。我们应该学习、借鉴别人的长处后，用自己的知识报效祖国，这才是我们的使命。

权衡利弊，不随大流

在哲学上，辩证唯物主义观点认为：任何事物都有两面性，对待事物要一分为二，区别对待。出国留学也不例外，我们要权衡利弊，不能盲目地跟随别人、效仿别人，否则就会掉入出国留学的陷阱中。

出国留学，能让我们开阔眼界，领略不同的人文地理与处世方式，接受另类的文化熏陶，但出国留学也有其不足之处。所以在选择出国留学时，我们就要明白：

1. 舍近求远，得不偿失

在中外历史上，出国留学都是为了学习本国难以学到的文化知识。但是，由于当前教育市场国际化，许多国家不再把教育仅当作一种培养人的手段，而是当作一种赚钱的产业，招收外国留学生可以赚到大量外汇，为本国增加就业机会。因此，一些国家放宽了对外国留学生的资格限制，只要有钱，不论什么人都可到那些国家学习。

2. 外国的月亮并不一定更圆

我们都知道，国内一些私立学校并没有达到国家要求的办学标准，但为了赚钱，照样招收学生，乱发毕业证。外国也有类似情况。《世界教育信息》1997 年第 9 期上发表文章，专门介绍了英国某些大学乱授海外学位的情况。文章指出，英国高教质量委员会严厉批评英国有些大学为了赚钱，向海外学生授予不合格的大学学位，主要对象是香港、新加坡、马来西亚、西班牙和希腊。由于英国、澳洲和北美等大学提供的英语教授课程竞争激烈，使得英国部分大学企图利用这种乱授学位的办法赚取钱财。英国《卫报》批评这种做法是割喉式的竞争，自绝其路。部分大学向海外学生颁发的文凭，没有写明该学生是在英国之外获得的文凭，假如有人持这种文凭去求职，将会被误认为他曾在英国学习过。英国高教质量委员会怀疑这些海外文凭持有人的实际学术水平，因为部分大学为了迎合当地的学生水平，在设计课程方面本地化，便于录取学生和颁发文凭。英国高教质量委员会认为必须制止这种行为，否则将损害英国教育在海外的声誉。高教质量委员会最近制定了一系列标准，要求各大学遵守。

另外，很多人一听说美国大学就肃然起敬，其实美国的大学也参差不齐，有的大学的教育和科研水平并不高，据一位美籍华人科学家介绍："美国所有的大学加在一起，大概有 1 万所，但是立案的大学只有 3000 所，能看上眼的恐怕只有 1000 所，其中又只有 50 所是真正的重点大学。"由此可见，外国的学校并不都是十全十美的。

"海龟"也会变成"海带"

"海龟"，意味着高薪、体面，还有时尚；"海带"，意味着海外留学归来，在家待业。

许多年轻人以为只要手持硬邦邦的洋证书，就意味着高收入、高档次，就会是企业争抢的对象。这种想法在以前无可厚非，"海龟"是"香饽饽"，很多企业争着抢着要。但是今非昔比，随着留学门槛的降低，"海归"的人数剧增。"海龟"也不一定"吃香"，也会变成"海带"。

"我很郁闷，出国留学之前，父母约了不少亲友给我搞庆祝晚会。有人在晚会上说，出国回来就镀了一层金，可以轻松找个高薪工作。没想到出去 4 年，没镀成金不说，还生锈了。"小周的话中带着自嘲和无奈，"回来四五个月，我面试了近 20 回，工作还没找到，都不敢让我的一些朋友知道。"

从小周的话中我们可以看到，"海龟"已经不再"抢手"，他们也面临着就业难的问题。下面再看看小雨的经历：

小雨今年26岁，是一个打扮非常得体的女孩。她从澳大利亚留学回来一年了，学的是市场营销专业，可是回国后她却发现，找工作并不是一件容易的事情，找到一份适合自己的工作更是难于上青天。她现在暂时在一家房地产公司做市场助理，但是因为不喜欢这个行业，她工作起来内心非常矛盾，对工作的热情与耐心也在一天天地减少。她很希望改变目前这种状况，却又不知该从何入手。据她说，当年一起出国的同学们也遇到了不少类似的问题，聚会时，大家发出最多的感慨就是："早知道这样，还不如不出国呢！"

小雨大学时读的是英语专业，毕业后感觉在国内很难找到自己的位置，加上她的性格比较开朗，对外面的世界也很好奇，所以就选择了去国外留学的道路。当时同学中很多人都认为，如果想多学一个专业，还不如到国外拿文凭，这样不仅长了见识，回来找工作也更容易一些。没想到事实并非如此。

同是海字辈，仅因时光的推移却有了两种截然不同的命运。专家称，随着留学门槛的进一步降低，"海龟"的人数正以每年13%的速度递增，同时，"海龟"的身价也在下降。有专业机构对抽取的1500个"海龟"样本进行统计的结果显示，35%以上的"海龟"就业困难，40%的"海龟"感觉职业方向出错，不知道自己适合从事什么职业，薪酬究竟应该是多少。

以前是"物以稀为贵"，现在只要有钱就有机会出国上学，所以有些"海龟"的学位含金量并不高。原来总说出国"镀金"，现在镀的可能是金，也可能是铜了。出国求学可视为对将来就业的投资，是投资就有风险，"海龟"同样要经受市场的考验，并没有"保证就业满意"的特权。看不准时机，学不到急需的知识、技能，就可能出现"投资"失败的情形。在工作岗位上"管不管用"是衡量一个人是不是人才的标准，所以，时下的一些"海龟"遭遇求职难其实不是坏事，它反映了人们在选才标准上，从崇尚"品牌"到注重"实效"的可喜转变。很多"海龟"对自己的定位不很清楚，这有两方面的原因：一是出国时期望值很高，认为花了那么多钱，吃了那么多苦，回国后一定要得到补偿；二是他们对国内的形势不是很了解。国内变化太快，国内外的环境差异很大，别看只是短短几年，"海龟"回国后往往需要半年时间适应，在这段时间里不太容易定位。因此，"海龟"的心态非常重要，不要自视过高，定位要准确。一些"海龟"之所以就业难，常常是因为眼高手低，以致错失机会。

几名从国外归来的留学生带着一个项目来到某市留学人员创业园想入园孵化，却被告知，入园前该项目需要通过评审，并要进行答辩。几名留学生有些疑惑，早就听说海归派是国内抢手的"香饽饽"，怎么入园还有门槛呢？创业园负责人的一番话让他们释然：尽管创业园给"海龟"们提供了许多优惠政策，但创业毕竟是有风险的，通过专家对项目进行评审，有利于留学生更充分地了解项目的技术含量、市场前景和发展方向，提高创业成功率，以避免无谓的投入浪费。

创业仅凭一腔热情和海外经历是不够的。创业要根据自身的特点，看看自己适合做什么。好在如今许多"海龟"已不再将自己创业的艰难归罪于环境的不尽如人意，而是更多地追问，自己的优势究竟在哪里？和市场的契合点究竟在哪里？

"海龟"的共同优势是在国外受过高等教育，专业性较强。共同劣势有两个：一是缺乏工作经验，主要是在国内的工作经验比较少；二是脱离国内环境的时间比较长。

就和国内环境"脱节"的情况而言，非技术性的行业"脱节"现象往往比较明显，比如销售、市场和人力资源管理等。在高科技行业，这种"脱节"现象不很明显，毕竟"海龟"在国外接触的一些前沿项目，国内可能还未涉及。因此，对于技术行业而言，如果"海龟"所学领域比较前沿、高端，又在某领域有专项的研究或者项目，就会非常抢手。专业性特别强的职业，比如医生、律师、会计师等，也较受欢迎。

如果"海龟"在国外不光读书，还具有一定的实践经验，就会受到用人单位的特别青睐。比如，毕业后在国外的知名公司工作过一两年，这一段工作经验可以弥补脱离国内环境的缺憾。如果"海龟"只有国外的工作经验，没有国内的工作经验，就会稍差一点儿。如果"海龟"有国内的工作经验，没有国外的工作经验，但有很好的学历，虽然回国后的工作起点不会特别高，但用人单位会觉得其有潜力，也会给予他比一般人多的升职机会。

但是，令人遗憾的是，一些"海龟"能力不佳，在待遇上却互相攀比，开口就是月薪过万，一不满意就跳槽走人，丝毫不考虑公司的感受，这使得一些本来需要"海龟"的企业望而却步；有的"海龟"盲目自大，不把本土人才放在眼里，一些企业担心"招来女婿气走儿"，在本土人才与"海龟"出现激烈矛盾时，一般会选择放弃"海龟"。

如果你为了找到更好的工作而选择出国深造，那么你就要想到"海龟"也会变成"海带"，所以奉劝你三思而后行，考虑成熟了再做决定。

国内深造，同样也可以"镀金"

中国有句俗话："远来的和尚会念经。"

仔细研究这句话，令人深思。难道本地的和尚不会念经？非也，和尚都会念经！外来的和尚一定比本地强？也未必。但为什么外来的和尚受欢迎，本地的和尚受冷落？

如今很多人选择去国外深造，这让我们不得不在反思国内教育市场亟待整顿和完善的同时，想一想难道我们国内的名牌大学就不抵那个什么"美国克莱斯登大学"吗？清华、北大、复旦、人大、南开……这一个个人们熟知的名校在向天之骄子们敞开怀抱，为什么还要不远万里去取那个名不正言不顺的假"经"呢？

这样说也许有些过分，因为毕竟国外还是有许多比国内还优秀的知名学府，比如哈佛、剑桥、牛津等，但是对于此时准备出国的留学生来说那恐怕只是凤毛麟角、屈指可数，更多的人却是为了一个洋文凭铤而走险。

不说远的，就在国内，就在我们身边，一样有很多好学校可供深造，一样有无数的机会等待着你。

新东方创始人，被称为"留学教父"的俞敏洪如是说："出国并不总是一件好事。到哈佛去读书固然不错，是每一个人所向往的，但在北京大学读书也值得骄傲。在中国值得读书的大学有上百所呢。我认识的很多成功人士都是从来没有出国读过书的，他们照样取得了成功。成功并不是以出国没出国来衡量的，就像国际眼光并不是以到过的每一个国家来衡量的一样。人的生活质量的好坏，人的幸福的多少，主要来自于人的价值观和人的综合能力。"

"大学之道，在明理，在亲民，在止于至善。"意思是说大学育人的道理，在于传授知识，明白道理，陶冶人的情操，培养人的美德；在于团结群众，弃旧扬新，从而使人们的思想达到真善美的最高境界。北大就是这样一所大学，它的民主与科学之传统，让学子们有更多的机会接触中外新知识，探索新领域；它的宽容与广博，始终提醒他们要踏实做人、学习，尽量吸纳这里的精华。

刘婷婷有幸踏入北大这块圣地。初入校园，坐在飘散着墨香的图书馆里，时时感到自己的浅薄，稚嫩的表白难以描述出这所百年古校的精神内涵。

婷婷说，北大图书馆的学习气氛让她感触最深刻。每天早上7：30分开馆，即使是7：40分赶过去，图书馆内也早有许多同学开始自习了。除了吃饭时间，其他时间图书馆内都人满为患。在这高手云集的殿堂，你若想出类拔萃、独占鳌头，确实要比别人付出更多的艰辛。看着埋头苦学的莘莘学子，使刚入北大的她犹如踏上一条新的起跑线，心头顿时涌上一股压力和动力，而正是这股压力和动力鞭策着她在求学征途上中奋力奔跑。

没有方向的奔跑自然是行不通的，所以还要有良好的导师指点方向。北大的教授可谓资辈深厚，满腹经纶。每次上课时，婷婷都会早早地去占座，坐在靠前的位置上，静听老师解惑。

在课堂上，她可以畅游四海，与古人交谈，和今人攀峰，将生命延长上千年，将眼光放逐全世界。北大培养的是善于思考、多才多触、理论与实践俱佳的优秀人才，课堂上培养学生严谨的学术精神，课后的众多研究机会、丰富多彩的社团生活，也给了婷婷开阔眼界、学有所用的领地。

婷婷说，北大不但传授给她丰富精湛的知识，而且还铸造了她庄严无畏的思想。不知不觉中，刘婷婷已深爱这片土地，关爱这里的每一个人，甚至怜惜这里的一草一木。北大已成为令她魂牵梦萦的地方，再也不想离开这里了。即使有一天，她将要离开，飘到天涯海角，但与北大的情怀却会保存到永远。

如果说，刘婷婷只是一个普通的北大幸运儿的话，那么现为联想神州数码有限公司执行副总裁、科技发展公司总经理的林杨，却是在国内"镀金"后，才在事业上取得了卓越成就的。

1966 年 9 月出生在福建省福清市的林杨，似乎并没有什么特别之处。但在 1979 年进入北京八中读书后，他的生活却发生了很大的转变。

当时北京八中是一所非常开放的学校，教育目标不是要培养出多少个科学家，而是重视对学生综合能力的培养。在这种环境中接受高中教育的林杨很早就有了不同一般的思维，明白了不应该"唯学习论"，而是要全面发展，要看到一般表面下更深层次的东西，应该抓住关键所在，不应该死学习。中学阶段是一个人性格形成的重要时期，因此北京八中的教育生活对林杨的影响很大。

但最让他受益的却是他的大学阶段。1984 年 9 月，林杨进入西北电讯工程学院计算机通信专业，开始了他的大学生活。到了大学读书，林杨有了更多自由支配的时间，在学习老师指出的知识重点的基础上，他总是喜欢自己主动去思考和挖掘边边角角的问题。

由于他所学专业是知识更新速度最快的通讯专业，所以为了生存和发展，他总是不满足于获得一定的知识，而是在学习中不断摸索和掌握多种获取知识的有效方法，这使他的自学能力不断提高。通过实践的锻炼和不断扩大阅读面，林杨的动手能力和个人综合素质获得了全面的提高。

如今，时间已经过去了20多年，每当他谈起自己的大学学习，总是十分得意于自己的刻苦努力和那一套行之有效的学习方法。

看过林杨的成功求学经历后，我们可以明白，其实，在哪里学习并不重要，关键是要把继续教育看成是你获取知识的地方，看成是学习方法的地方，而不是满足你虚荣心的地方。所以，如果你想要给自己"镀金"的话，不一定非要选择国外。

第三节 继续教育，关键时刻的提醒

"条条大路通罗马"，无论是继续教育还是参加工作，都只是成功的不同选择而已。如果你选择了继续教育，那么你就要走好这条路，扫除阻挡你前进的一切障碍。

继续教育要考虑的问题

如今社会竞争激烈，就业压力越来越大，没有知识就会落伍已成为不争的事实，所以要想改变自己的命运，只有靠知识。只有拥有知识的人才能拥有精彩、完美的人生。所以很多人决定继续接受教育。如果你要选择这条路，就应该考虑以下问题：

1. 成本核算

继续教育是一笔不小的投资，在选择继续教育时我们要充分考虑成本，看看是不是在自己能承受的范围内。

由于地域、学校、专业等方面的差异，读研究生的成本会有比较大的出入，所以只能大致估算一下。

先算算考研的成本：买专业课书籍和公共课书籍资料的费用 1000 元左右；英语、政治辅导班花费 1000 元左右；去有关学校听专业课花费 1000 元左右；为有一个好的学习环境，在校外租房半年，房租水电费每月 250 元，半年共 1500 元；考试报名费、材料邮寄费等合计 200 元；参加复试的来回差旅费大约 500 元。这样算下来，考研的经济成本就已经达到 5200 元。这还不包括考研过程中付出的巨大的心理成本和考前大量的时间成本。

再来看看读研究生期间的费用：每年学费以 6000 元计（公费研究生学费只要 3000 元左右，但公费研究生的比例已经非常小，而自费研究生每年学费大都要 8000 元以上）；每年住宿费约 1200 元；每月生活费、教材费约 500 元，除去寒暑假，以一年 10 个月计算，共计 5000 元。按照这样计算，3 年下来共花费约 36600 元。

2. 就业前景

如今的社会是一个能力至上的社会，文凭只代表你的文化程度，如果你没有能力，没有真才实学，那么不管你是博士还是博士后，早晚都会露出原形，被社会所淘汰。

所以我们在选择继续教育时要考虑以后的就业情况，如果不是很乐观，我们就不如先参加工作，多积累一些经验，这样反而会让自己更有实力去竞争。

3. 具体细节

随着教育改革的进行，研究生教育变化也很大，从经费来源看可以分成三类：国家计划研究生、委托培养研究生、自筹经费研究生。国家计划研究生，有定向和非定向的区别，前者毕业后按规定到定向地区或单位工作；后者服从国家就业指导，本人选志愿，招生单位推荐，用人单位择优录取双向选择。委托培养研究生，经费由委托单位出，双方签订合同，毕业后到委托单位工作。自筹经费研究生，培养经费主要是导师的科研经费或学校自筹，毕业后国家不分配工作，由学校向用人单位推荐。

研究生待遇情况：按工作时间长短，生活待遇一个月 200～240 元不等，另外还享受各种副食补贴。家庭困难的可享受勤工助学基金和申请特困助学经费。

考研科目设置和命题：政治、外语、数学和 3 门专业课。报考外语专业的，需要加试第二外语。专业课考试内容要涉及 5 门或 5 门以上本科的主干课。

初试中的政治、数学和非外语专业的外语由国家教委统一命题；工科各专业以及经济学中部分专业的数学、医学和中医综合考试也由国家统一命题。其余为各校按自己情况各自出题。

考虑好了上面的问题，那么你就踏上继续教育的征途吧。

时刻准备，压力无处不在

继续教育并不是我们想象中的那么简单，在继续教育的途中我们会面临各种各样的压力，所以我们要提前做好准备。

许多刚进大学的年轻人都以为4年时间还长着呢，抱着先好好玩两年再说的想法，然后就放纵自己，这是非常不可取的。所谓"光阴似箭"，要想考研的话，必须早做准备。

首先，要做好心理准备。大学阶段的学习生活和高中还是有很大区别的。在大学里没有老师成天看着你、督促你，你就必须要学会自己约束自己。一旦放纵惯了，到最后的复习冲刺阶段就很难达到最好的效果，那样的话，可能使4四的年努力功亏一篑。这种例子可以说是举不胜举，一位准备考北大研究生的同学在临考前一个月却被迫放弃了。他说，太累、太紧张了，心理无法承受。像他这种情况每年都有许多，有的同学尽管表面上没有放弃，但心理防线却彻底垮了。

考研的同学的生活与其他同学相比要单调乏味得多，尤其到最后的复习冲刺阶段，每天除了上厕所、吃饭的时间外，几乎全泡在自习室中。一位已经读研的同学说，最后的一年，生活得和机器一样，天还没亮就起床到自习室抢占座位，一直到深夜宿舍快熄灯了才离开教室，现在想起来自己都不知道当时是怎么熬过来的。所以，你要是决心考研的话，必须要有充分的心理准备，要能静下心来学习。正所谓是"板凳坐得十年冷"，能坚持住的人，才会成功。

做好心理准备至关重要，除此之外，身体条件也是很重要的。常言道，身体是革命的本钱。身体条件跟不上，你就无法适应高强度的复习。然而在大学里，绝大部分的同学自我约束力不强，自己放纵自己，忽视身体锻炼。每年都有许多考生在最后的复习阶段出现食欲不振、睡眠不好等各种各样的神经衰弱现象，从而直接影响了考试的成绩。大学里是不会有人来督促你参加体育锻炼的，只有加强自律，积极锻炼，才能有一个好身体。

此外还面临另一个压力，那就是深造之后也不一定能找到好的工作，文凭也会"过期"。

有一家大公司的总经理对前来应聘的大学毕业生说："你的文凭代表你应有的文化程度，它的价值会体现在你的底薪上，但有效期只有 3 个月。要想在我这里干下去，就必须知道你该学些什么东西。如果不知道该学些什么新东西，你的文凭在我这里就会失效。"

企业招聘人才，文凭是敲门砖，进门之后，悟性才是开锁的钥匙和向上的阶梯。同是学士、硕士、博士，甚至是同校同届同专业，文凭虽然相同，但是骡子是马，拉出来一遛，就见了分晓。同在一个科室，甚至是做一些相近的工作，悟性深浅、敬业与否，才是事业能否顺利发展的关键。

小赵本科毕业，小刘是研究生，他们两人同时被招聘到某公司运输部。小刘按部就班，认认真真地完成经理交办的每项工作，没出过什么差错，他自己也比较满意。小赵却不安于现状，在对客户信息的分析中，他发现京津冀鲁等地的货物运输近期常有滞期现象，原因多是修路造成的。于是，他通过电脑交通网络，对北京周边各交通干线的路况进行了一系列调查摸底，并每天列出一份动态的路况交通图送给经理参阅。就是这份动态的路况图，对公司的货物运输起了重要的疏导作用，不但缩短了有效的运输时间，而且减少了因堵车、绕行而产生的运输费用。小刘因此而受到公司领导的重视和奖励。当然，3 个月后，继续聘用的是善于"用"脑子的小赵。

由以上故事我们可以看出，学历并不代表一切。在实际工作中，压力无处不在，要想轻松应对，就要时刻做好心理、身体等各方面的准备，不断充实自己，在实践中提高自己，唯有如此，才能应对自如。

"双跨"想好了再做

"双跨"即"跨学校"、"跨专业"。

在选择继续教育时,很多人觉得自己念的大学或选择的专业不是很理想,现在终于有了一个重新选择的机会,所以要选一个好点的学校和一个更好的专业。这种想法是不错的,但实际上却存在许多问题。

下面我们先从"跨学校"说起。

如果你决定不在以前上大学的学校继续教育,要选择更好的、更有名气的学校,那么你就会面临这些问题:

(1) 每一个大学都对自己本校的学生优先"照顾"。举例来讲,如果你和王某考的分数相同,但是该专业只招收一个人,因为王某在读大学时就在该校,而你却在别的学校,所以最后的结果很有可能就是你被淘汰。也许你觉得这不公平,但这确是社会的现实。冯小刚在被问及在拍戏选演员时,徐帆是否受到优先照顾这个问题时,冯小刚很坦诚地说:"如果她适合演这个角色,那么我干吗舍近求远呢?"站在学校的角度上,如果两个人的条件相同,又只能择其一的话,那么谁会舍近求远呢?

(2) 你将要选择的大学名气很大,但你选择的专业却未必就是该学校的优势专业。谈到这里你也许会说:只要学校名声大就行了,谁还看这个专业是不是学校最好的呢?这只是你自己的看法。现在社会不同以往,如果你选择的专业没有就业前景,那么即使再好的学校也是白搭。

跨专业并不是一个可以轻易做出的选择,它可能让你浪费很多的时间和金钱,而最后只能证明这是一个错误的决定。如果你决定要换专业,那么你就要明白,跨专业继续教育变数大,无定规,一旦准备不充分就很可能"失手"。下面让我们看看小汪的经历。

北京某大学计算机专业的小汪曾参加过两次跨专业考研,第一年他盲目报考了天大电信学院的某专业,但由于竞争激烈最终名落孙山。第二年他又转考旅游地理这个冷门专业,但因为对这个专业缺乏了解,复习时间短等原因，还是没有考上。

跨专业深造不是你想象的那么简单，即使你考研成功了，如果你当初的选择比较盲目，那么考上了也不会轻松。

某高校新闻专业的应届毕业生郑先生，3 年前跨专业考上了新闻专业，用他自己的话说，当初觉得做新闻工作社会地位高，收入较高，就跨专业学了新闻。由于以前没有采写编评的实践经历，所以在媒体实习时上手很难，很难找到自己的位置；而学术积累又有所欠缺，搞学术研究也没有出路，现在的感觉只能用骑虎难下来形容。

跨专业并不是一件很容易的事情，但是还有很多人去跨专业考研，那么这是什么原因呢？分析起来大概有以下几种情形：

(1) 进入大学时成绩不理想，被调剂到并不喜爱的专业，几年的本科学习下来，依然不甘心。

(2) 当初年少无知，随便填了一个专业，以为自己会喜欢，却发现全然不是自己所想象的那样，至少不是最爱。

(3) 几年下来 (无论是在校学生还是已工作若干年)，仔细思考，觉得自己若坚持本专业或先工作定然无前途、无钱途，需要投身到人们公认的热门专业中去，才觉得踏实、前路光明。

(4) 并非不喜欢本专业，而是求知欲强烈，真正希望充实自己。

不管初衷究竟如何，想要跨专业的考研人绝对都是不失梦想，充满挑战意识的人们。

虽然跨专业深造要面临不熟悉专业、复习准备不充分、对专业发展趋势不了解等困难，但这并不是说跨专业就不好，大家都不要跨。有时候跨专业也有可能让你振翅高飞，从此找到正确的方向，扶摇直上，快意翱翔。所以如果我们要选择跨专业接着深造的话，就要掌握一定的原则和规律。

就报考科目而言，考生要看清自己的优劣势。比如，理跨文的同学，占有优势的学科一般是数学和外语，因为这些学生在全国统考中就占了"便宜"。而且，理工类各门专业基础课都与数学相关，学好了数学，转学经济、自动化、计算机等与数学有关专业也有一定的优势。而纯文科专业如历史、中文等更侧重于感性认识，逻辑思维较差，如果选择"文转理"，高等数学就是第一个大门槛，所以，文科转理科要慎行。

一般来说，转专业的方向最好遵守"就近原则"，即寻找相近专业或相关学科来跨考，最好能够在跨考前找到专业间的"交集"，如果不是自身实力雄厚，切忌专业跨度太大。最安全的方法是找同一门类下或同一基础理论下的不同分支，如化学转药学，数学转理论经济学，电器转电子，自动控制转电信，机械转力学，土木建筑转水利工程等。

另外，考生备考时应该找准相关院系和导师，或在查看招生简章时，细读专业设置和研究方向。如果条件允许，可以到所报考的学校旁听相关的专业课程或借阅课堂笔记；随时到阅览室查看学术期刊，了解该领域的热点、焦点、新课题等。

第四节　工作中，学习脚步不停歇

工作是我们的饭碗，是我们生存的"工具"，学习是获取更多知识的途径，是提高竞争力的筹码。当工作遇到学习时，我们该怎么办呢?

在职深造，要工作也要学习

如果你认为深造必须辞掉工作，那么你就错了。其实我们有更好的选择，那就是在职深造。所谓在职深造，就是在不辞掉现在的工作的情况下参加教育。在职深造是一种两全其美的充电方式，利用业余时间学习，既能满足补充知识、提高学历的愿望，又不会中断眼前的事业发展，也可以避免与行业和社会脱节的情况发生。

对于已经参加工作的年轻人而言，挤出时间、重新拾起课本已经是一件难事。要他们完全放弃目前的工作，排除干扰，重温与世隔绝的"苦行僧"生活更是难上加难。所以在职深造不失为一个理想的选择。

同时，在职深造也有以下一些优势:

(1) 花费小。有人算过一笔账，如果脱产读研，前后的经济成本至少超过 8 万元;而在职读研费用就低多了，学费以外没有任何其他成本。

(2) 工作、学业两不误。在目前严峻的就业形势下，如果中断工作读研，损失的可能不只是两年半的工资，更多的是机会和时间成本。在职读研最大的好处就是事业、学业两不耽误，不必担心失去工作机会。

（3）学以致用。在职研修班的办学宗旨是帮助学员提高工作能力，和接触行业尖端技术，开阔视野，与国际接轨，因此，学员在学习期间就已经掌握了足够的工作技能并参与了一定的实践，学的东西能立刻应用于工作中，更能获得满意的工作机会。

（4）建立职业圈。职业的发展，离不开人脉资源的积累，通过在在职研修班的学习，可以有效建立职业圈，保持与同行的交流，从而在职场竞争中从容不迫。

正因为有这么多的优势，所以选择在职深造对于年轻人来说不失为一个理想的选择。所以近几年来各类"在职研究生班"都受到普遍欢迎，各大知名高校也都纷纷招生办班。但是面对遍地开花的课程班，如何选择才能让时间、精力、学费花得物有所值呢？

（1）选择学校和专业。在选学校时首先要高度敏感，时刻关注自己所处的行业对人员技能的需求情况，这将决定学习方向。认真分析一下这个领域对所需人才有什么样的标准和要求，诸如学历、工作经验、专业背景等等。然后要确定自己的学习专业，再根据专业挑选学校。挑选学校忌盲目，应该事先了解学校各学院各专业的培养计划和专业设置，再综合考虑学费，上课时间、地点是否方便等诸因素。

（2）在职申请学位，为职场竞争增加成功砝码。在职深造，既可以紧跟国内发展步伐，拓展社交圈，又可免去很多费用。当然，最实在的还是能够达到求知、拜师、交友等多重目的。学习是为了更新自己的知识结构，开阔视野；拜师是想听听学者、经济学家的授业解惑；交友则是希望同学之间通过学习增进了解和信任，扩大人脉资源，打造无形资产，创造日后的合作机会。

（3）意想不到的附加值。对很多人来说，关系网比文凭重要得多。在一些人眼里，中国是个人情社会，"市场经济"就是"朋友经济"。参加教育的人大都已有一定地位，如政府官员、企业经理等等，因此参加课程班可以扩大社交面。

只有不断提升自己，不断给自己"充电"，才能适应社会学历教育的普及程度不断提高的要求。与此同时，"文凭社会"也开始向文凭加技能的"学力时代"转变。更多的招聘企业不再简单地凭应聘者的文凭招聘员工，应聘者的实际操作和与人沟通的能力显得更加重要。这就要求求职者不仅要有较高的文凭，还要懂得在实际中运用所学的知识，在众人面前展现出自己的真才实学。

总的说来，要想保证自己在今后的日子里拥有超强的竞争力和发展潜力，在职读研不失为一种理想的选择。

厚积薄发，积淀你的人生

在知识的山峰上登得越高，眼前展现的景色就越壮阔，而获得知识的唯一途径就是学习。

有人写道：

"你年轻聪明，壮志凌云。你不想庸庸碌碌地了此一生，而是渴望名声、财富和权力。因此你常常在我耳边抱怨：那个著名的苹果为什么不是掉在你的头上？那只藏着'老子珠'的巨贝怎么就产在巴拉旺而不是在你常去游泳的海湾？拿破仑偏能碰上约瑟芬，而英俊高大的你却总没有人青睐？

"于是，我想成全你。先是照样给你掉下一个苹果，结果你把它吃了。我决定换一个方法，在你闲逛时将硕大的卡里南钻石偷偷放在你的脚边，将你绊倒，可你爬起后，怒气冲天地将它一脚踢进阴沟。最后我干脆就让你做拿破仑，不过像对待他一样，先将你抓进监狱，撤掉将军官职，赶出军队，然后将身无分文的你抛到塞纳河边。就在我催促约瑟芬驾着马车匆匆赶到河边时，远远地听到'扑通'一声，你投河自尽了。

"唉！你错过的仅仅是机会吗？

"不，绝对不是，你错过的是准备。机会从来只给有准备的人。因此，我们失去的往往不是机会，而是准备。谚语说，有缘千里来相会，无缘对面不相识。'缘'，实质就是'准备'。没有准备的人，绝对与'人'无缘，与'事'无缘。"

在竞争加剧的今天，还没等到过招，胜负就早已定了。就像"华山论剑"，最终是靠内功，靠武学的修为和领悟（即学习与创新）而定胜负。因此竞争早就已经开始了，比的就是"准备"，比的是日积月累，比的是"功夫在诗外"。要击败对手，最终的办法就是比对方准备得更充分，积累得更多。

这种积累和准备，从广义上说，就是知识的积累和准备；从狭义上说，就是心态的准备、目标的准备和行动的准备（调整心态、明确目标、采取行动，这些都是求知的一部分）。爱迪生说得好："知识仅次于美德，它可以使人真正地、实实在在地胜过他人。"

要想成功，就必须牢记："知识就是力量。"成就大事业，一定要记住：年轻时，究竟懂得多少并不重要，只有懂得学习，才会获得更多的知识。

"流水不腐，户枢不蠹"，这句古语也可以用在人的智力增长上。只有在工作中不断学习新东西，才能保持思维的灵动；也只有这样，才能跟得上时代的步伐，不致落伍。如果我们不继续学习，就无法获得生活和工作需要的知识，无法使自己适应急速变化的时代，不仅不能搞好本职工作，反而有被时代淘汰的危险。

自强不息，永远学习新东西，随时追求进步的精神，是一个人内在素质卓越的标志，更是一个人成功的征兆。

林语堂先生曾经说过："若非一鸣惊天下的英才，都得靠窗前灯下数十年的玩摩思索，然后才可以著述。"每个人都并非天生就是奇才，他所知道的东西比起整个宇宙来，实在是少得可怜，这一切只有通过学习来弥补。

许多人最大的弱点就是想在顷刻之间成就丰功伟绩，这显然是不可能的。其实，任何事情都是渐变的，只有持之以恒，每天坚持学一点东西，才能最后获得成功。

现实生活中有许多人，尽管他们的资质很好，却一生平庸，原因就是他们不求进步，在工作中唯一能看到的就是薪水。因此，他们前途暗淡，毫无希望。

无论薪水多么微薄，如果你能时时注意去多读一些书籍，去获取一些有价值的知识，这必将对你的事业有很大的助益。一些商店里的学徒和公司里的小职员，尽管薪水微薄，但他们工作很刻苦。尤其可贵的是，他们能趁着每天空闲的时候，如晚上和周末，到补习学校里去读书，或是自己买书自修，以增长他们的知识。

一个人的知识储备愈多，内心才能愈丰富，生活才会愈充实。

终身学习，处处学习

随着时代的进步，科技的发展，你原来学习到的、赖以生存的知识和技能也一样会折旧，甚至被淘汰。知识落伍之人在别人面前的形象也就暗淡了许多。如果面对新知识、新技能，你脚步迟缓，不善于去学习，那么在风云变幻的人生赛场上，你将很容易被淘汰出局。

学习之为善，在于其本身，它是一切美德的本源。对于"学习"这个问题，犹太人是最有发言权的。

"忍冻学习的西勒尔"，是一个为犹太人所熟悉的故事：

名垂千古的西勒尔在年轻的时候，抱有一个很大的愿望，那就是专心致志研究《塔木德》。可是，他没有足够的时间，也没有充裕的金钱，因为他实在太穷了。

在左思右想之后，西勒尔终于发现了一个能够学习的办法：拼命地工作，靠工钱的一半过活，把剩下的钱送给学校的看门人。

"这些钱给你，"西勒尔对看门人说，"不过，请你让我进学校去听课，我很想听听贤人们在讲什么。"

西勒尔就靠着这种办法听了不少课，可是他的钱实在太少了，到最后他连一片面包也买不起了。这时候，看门人坚决地拦住了他，不让他再走进学校一步。

怎么办呢？他终于又找到了一个好办法。他沿着学校的墙壁慢慢爬上去，然后躺在天窗边。这样，他就可以清楚地看见教室里面上课的情形，甚至可以听到教师讲课的声音。

安息日前夕，天寒地冻，冷风刺骨。第二天，学生们照常到学校去上课，屋外阳光灿烂，可是屋里却漆黑一片。

原来，西勒尔躺在天窗上，已经被冻得半死。他在天窗上已经躺了整整一夜了。

从此以后，凡是有犹太人以贫穷或者没有时间为借口不去求学时，其他人就会这样问："你比西勒尔还穷吗？你比他还没有时间吗？"

活到老，学到老。另一个犹太人的故事生动阐释了这句名言。

拉比·阿基瓦是一个贫苦的牧羊人，直到 40 岁才开始学习，但后来却成了最伟大的犹太学者之一。

拉比·阿基瓦在 40 岁之前什么都没有学过。在他与富有的卡尔巴撒弗阿的女儿结婚之后，新婚妻子催他到耶路撒冷学习《律法书》。

"我都 40 岁了，"他对妻子说，"他们都会嘲笑我的，因为我一无所知。"

"我来让你看点东西，"妻子说，"给我牵来一头背部受伤的驴子。"

驴子牵来后，她用灰土和草药敷在驴子的伤背上，于是，这头驴子看起来非常滑稽。

他们把驴子牵到市场上的第一天，人们都指着驴子大笑。第二天也是如此，但第三天就没有人再理会那头驴子了。

"去学习《律法书》吧，"阿基瓦的妻子说，"今天人们会笑话你，明天他们就不会再笑话你了，而后天他们就会说：'他就是那样。'"

阿基瓦妻子的意思就是他 40 岁去学习，即使别人会嘲笑他，但是 3 天之后人们就不会再嘲笑他了，因为什么时候学习都不迟。

因此，犹太人常把阿基瓦说过的一句名言挂在嘴边："此时不学，更待何时？"他们以此来激励自己或鼓励别人去学习知识。

只要活着，犹太人总是不停地学习。因为对犹太人来说，学习是一种神圣的使命。犹太人认为人在到达天国以前，必须不断地学习。他们对知识的追求是永无止境的。所有的犹太人一直秉持着这样一种观念：肯学习的人比知识丰富的人更伟大。

在犹太人眼中，学习知识不只是不断学习，而是以本身所学为基础，自行再创造出新东西的一种过程。学习的目的，不在于培养另一个教师，也不是他人思想的拷贝，而是在于创造一个新的人。

在犹太人看来学生可以分为4种类型：海绵、漏斗、过滤器和筛子。

海绵把一切都吸收了，漏斗是这边进那边出；过滤器把美酒滤过，而留下渣滓；筛子把麸皮留在外面，而留下优质的面粉。因此，学习知识，应该去做筛子一样的人，只有这样学习才能使人更接近完美。

知识会让你有很多收获，它也时刻为你的外在形象注入活力，所以我们要活到老，学到老。

第 **3** 个决定
选择什么样的职业

第一节　了解自己，选择职业

男怕选错行，女怕嫁错郎。求职择业是人生的重大转折，选择正确与否至关重要。

明确你的职业倾向

职业倾向指的是个体对某种职业类型的偏好，常见的职业偏好有下列6种：

(1) 研究型。喜欢智力活动和抽象推理、偏重分析与内省、自主独立、敏感、好奇心强烈、慎重。

(2) 社会型。关心自己的工作能对他人、对社会做出多大的贡献，重视友谊，乐于助人，善于合作，洞察力强，有强烈的社会责任感。

(3) 艺术型。属于理想主义者、想象力丰富、独创的思维方式、直觉强烈、感情丰富。

(4) 常规型。追求秩序感、自我抑制、顺从、防卫心理强、追求实际、回避创造性活动。

(5) 现实型。偏重物质、追求实际效果、喜欢动手及操作类的工作、个性平和稳重。

(6) 企业型。为人乐观、喜欢冒险、行事冲动、对自己充满自信、精力旺盛、经常发表意见和见解。

每一个人的职业能力倾向都是不同的，因此了解自己的职业能力倾向对选择职业至关重要。

职业能力倾向是影响到人的某一类活动的一种特殊能力。

在没有被开发出来时，它只是潜在的，因而被称为能力倾向。职业能力倾向影响到人的某一类活动，但对其他的活动则影响很小。

职业能力倾向对人的职业成就水平来说至关重要。比如，你在某一职业领域遇到困难时，在另一职业领域却可能会取得巨大的成功。由此，在择业的过程中一定要先明确自身的职业倾向。

明确你的职业倾向应当从认识自我开始。因为，影响一个人社会职业角色的最重要因素是个人的自我意识。

只有认识自我，才能更加明确自己的职业倾向，并相信自己终会成功。自我预言的客观基础，在于我们怎样看待自己，从而把自我价值、自我特性与职业倾向、事业目标，恰到好处地结合在一起。

下面一个小测验可以帮助你判断你在哪个方面的工作具有最大的倾向或潜力，请对下面的题目回答"是"或"不是"，答完题后，你将会对自己能够胜任的工作有一定的估测。

(1) 当你在看一本有关谋杀案的小说时，你常能在作者未告诉你真相之前便知道谁是罪犯吗？

(2) 你很少写错字、别字吗？

(3) 你宁愿参加音乐会也不待在家闲聊吗？

(4) 墙上的画挂歪了，你会想着去扶正它吗？

(5) 你宁愿读一些散文或小品文而不去看小说？

(6) 你常记得自己看过或听过的事实？

(7) 愿少做几件事但一定要做好，而不愿意多做几件马马虎虎的事？

(8) 喜欢打牌或下棋？

(9) 对自己的预算均有控制？

(10) 喜欢学习闹钟、开关、马达发生效用的原因？

(11) 喜欢改变一下日常生活中的一些惯例，使自己有一些充裕的时间？

(12) 闲暇时，较喜欢参加一些运动而不愿意看书？

(13) 对你来说数学难不难？

(14) 你是否喜欢与比你年轻者在一起？

(15) 你能列出 5 个你自认为够朋友的人吗？

(16) 对一般你可办到的事，你是乐于帮助别人还是怕麻烦？

(17) 你是不是不喜欢太琐碎的工作？

(18) 平时你看书看得快吗？

(19) 你相信"小心谨慎"、"稳扎稳打"是至理名言吗？

(20) 你喜欢新朋友、新地方与新的东西吗？

下一步先圈出全部答"是"的答案，然后算算前 10 题中有几个"是"的答案。（第一组）

再算算后 10 题中有几个"是"的答案。（第二组）

比较一下这两组答案：

如果第一组中的"是"比第二组中的多，那么表明你是个精深细致的人，能从事耐心琐碎的工作。诸如：医生、律师、科学家、机械师、修理人员、编辑、哲学家、工程师、技术工人等。

如果第二组中的"是"比第一组多，那么表明你是个广博的人，最大的长处在于能成功地与人交往。你喜欢有人来实现你的想法，你适合的工作包括：人事、顾问、运动教练、计程车司机、服务员、演员、推销员、广告宣传的执行者等。

如果你在两组中的"是"大致相等，那就表明你不但能处理琐碎细事，也能维持良好的人际关系。你的工作包括：护士、教师、农民、建筑工人、秘书、商人、美容师、艺术家、讲师、图书馆管理员、政治家等。

问问自己"我能做什么"

很多年轻人在选择职业时都比较盲目，"只要找到工作就可以，以后的事情以后再说"，出于这种想法，他们在求职时不管这份工作自己能不能做，就随随便便把简历发了出去。其实这样的做法是不明智的。试想一下，如果你发了 10 份自己不能做的工作的简历，可能都石沉大海，即便单位通知你面试，最后你也只会被淘汰，那么你的心情会怎样？

所以，在求职择业时我们首先要问问自己能做什么，不能做什么，切忌盲目。

美国是一个十分注重效率和功利的国家，只有你对美国的社会经济发展有益，美国才会接纳你。在美国拿绿卡，除了是来美国投资或消费的人，还有一种人，就是有技术专长的人。

45 岁的许良移民去了美国。大凡去美国的人，都想早一点拿到绿卡。他到美国后 3 个月，就去移民局申请绿卡。与许良一起申请绿卡的还有一位中国中年妇女。他仔细打量这位妇女，从她被晒成古铜色的皮肤看，可以断定她是一位户外工作者。出于好奇，许良上前和她搭话，一问才知，她来自中国北方农村，因为女儿在美国，才申请来美国，她只读完小学，连汉语表达都不太好。

可就是这样一位英语只会说"你好"、"再见"的中国农村妇女，也在申请绿卡。她的申报理由是有"技术专长"。移民官看了她的申请表，问她："你会什么？"她回答说："我会剪纸画。"说着，她从包里拿出一把剪刀，轻巧地在一张彩色亮纸上飞舞，不到 3 分钟，就剪出了栩栩如生的动物图案。

美国移民官惊讶地瞪大眼睛，像看变戏法似的看着这些美丽的剪纸画，竖起手指，连声赞叹。这时，她从包里拿出一张报纸，说："这是中国《农民日报》刊登的我的剪纸画。"

美国移民官一边看，一边连连点头，说："OK！"

她就这么 OK 了。旁边和她一起申请而被拒绝的人又羡慕又嫉妒。

这位中年妇女取得成功的原因是什么？原因正是她拥有一技之长。那么我们呢？我们又能做什么呢，我们的特长在哪里？在求职时，这些问题是一定要弄清楚的。

兴趣是关键，个性是根本

选择职业不能随心所欲，要根据自己的兴趣和个性来选择，唯有如此，才能让我们更热衷于自己的工作。工作不仅是为了生存，而且还是一件有意义的事情。下面我们就分别讲述一下兴趣与个性对择业的影响。

1. 兴趣

"兴趣是最好的老师"，择业也要注意自己的兴趣。走自己的路，做自己喜欢的事情，选择自己感兴趣的职业，是当今社会最具典型性的择业观念。兴趣影响着我们的择业，影响着我们的前途，甚至影响着我们的人生。

因为一个人对某种职业感兴趣，就会对这种职业表现出肯定的态度，并积极思考、探索和追求。可以说，谁找到了自己最感兴趣的职业，谁就有可能踏上成功的道路。

兴趣是一种带有情绪色彩的认识倾向，在职业活动中起着重要的作用。人们常说："只要喜欢就会做好。"有资料表明，如果一个人对某一工作有兴趣，就能发挥他全部才能的80%～90%，并且能较长时间保持高效工作状态而不感到疲劳。而对所从事的工作缺乏兴趣的人，只能发挥他全部才能的20%～30%，而且容易疲劳、厌倦。

卡尔·斯文思的父亲开着一家洗衣店，并且让斯文思在店里工作，希望他将来能接管这里的业务。但斯文思厌恶洗衣店的工作，总是懒懒散散、无精打采的，勉强做一些父亲强迫他做的工作，完全不关心店里的事务。这使他父亲非常苦恼和伤心，认为自己养育了一个不求上进的儿子而在员工面前深感丢脸。

有一天，斯文思告诉父亲自己想到一家机械厂工作，做一名机械工人。儿子抛弃现成的事业不做，要一切从头开始，父亲对此十分惊讶并横加阻拦。但是，斯文思坚持自己的想法，穿上油腻的粗布工作服，开始了更劳累、时间更长的工作。而他不仅不觉得辛苦，反而觉得十分快活，边工作还边吹口哨，因为他选择了自己感兴趣的工作。现在，他已经是这家机械厂新的老板了。

所以，只有那些找到了自己最感兴趣、最擅长的职业的人，才能够彻底掌握自己的命运。那些有成就的人，几乎都有一个共同的特征：无论才智高低，也无论从事哪一种行业，如果他们喜爱自己所做的事，就能在自己最擅长的事情上勤奋工作。

选择适合自己兴趣的职业，使自己的才智和天性得到最大限度的发挥，是求职者首先就应该考虑的一个重要问题。有些人为了暂时的眼前利益，盲目地选择了一份自己并不感兴趣的工作，结果不仅不能充分施展自己潜在的才能，反而贻误了终生，同时还可能给用人单位造成不必要的损失。因而，求职者在择业之前，一定要找准自身的位置，确定自己的兴趣类型，选择适合自己的工作，在人生的战场上充分地表现自己。

下面是各种兴趣类型的特点以及与之相适应的职业，请你对号入座。

(1) 喜欢与工具打交道的人。这类人喜欢使用工具、器具进行劳动，而不喜欢从事与人或动物打交道的职业。

相应的职业如修理工、木匠、建筑工、裁缝等。

(2) 喜欢与人接触的人。这类人喜欢与他人接触的工作，他们喜欢销售、采访、传递信息一类的活动。

相应的职业如记者、营业员、邮递员、推销员等。

(3) 喜欢从事文字符号类工作的人。这类人喜欢与文学、数学、表格等打交道的工作。

相应的职业如会计、出纳、校对员、打字员、档案管理员、图书管理员等。

(4) 喜欢地理地质类职业的人。这类人喜欢在野外工作，如地理考察、地质勘探等活动。

相应的职业如勘探员、钻井工、地质勘探人员等。

(5) 喜欢生物、化学和农业类职业的人。这类人喜欢实验性的工作。

相应的职业如农技师、化验员、饲养员等。

(6) 喜欢从事社会福利和帮助他人的工作的人。这类人喜欢帮助别人，他们试图改善他人的生活状况，喜欢独自与人接触。

相应的职业如医生、律师、护士、咨询人员等。

(7) 喜欢行政和管理工作的人。这类人喜欢从事管理工作，善于做别人的思想工作，他们在各行各业中起着重要作用。

相应的职业如辅导员、行政人员。

(8) 喜欢研究人的行为的人。这类人喜欢谈论涉及人的主题，他们热爱研究人的行为举止和心理状态。

相应的职业如心理学工作者、哲学家、人类学研究者等。

(9) 喜欢从事科学技术事业的人。这类人喜欢科技工程类活动。

相应的职业如建筑师、工程技术人员等。

(10) 喜欢从事想象的和创造性的工作的人。这类人喜欢需要有想象力和创造力的工作，喜爱创造新的式样和概念。

相应的职业如演员、作家、创作人员、设计人员、画家等。

(11) 喜欢做操作机器的技术工作的人。这类人喜欢运用一定的技术，操纵各种机器，制造产品或完成其他任务。

相应的职业如驾驶员、飞行员、海员、机床工等。

(12) 喜欢从事具体的工作的人。这类人喜欢制作能看得见、摸得着的产品，希望很快看到自己的成果，他们从完成的作品中得到自我满足。

相应的职业如厨师、园林工、农民、理发师等。

2. 个性

个性也就是性格，是一个人的独特之处，其本身并无优劣之分。一种个性，表现恰当就是优点，表现过度就成为缺点。比如，合作性高的人可能会太轻易顺从别人；擅长分析和研究的人有时可能变得优柔寡断；一个自信的人可能变得傲慢和专制等。因此，每一种个性都有其职业偏好和取向，也都能在适合的领域中展现其价值。这就是人们通常所说的秉性决定着职业。

在日常生活中，我们也常听人说"这个人性情粗暴，无法从事与人打交道的职业"；"那个人性情温和，适合当教师"；"小李坐不住，不适合从事研究工作";"小王性格沉稳,适合搞科研"等。这些都涉及这样一个问题,即个性与职业密切相关。

如果个性与职业不相适应,性格就会阻碍工作的顺利进展,使从业者感到被动,缺乏兴趣,倦怠,力不从心,精神紧张。不仅难以获得成功,甚至有可能酿成人生悲剧。

1993 年 3 月 9 日,桑塔纳总经理方宏跳楼自杀。

他走得很平静。他的家人及秘书丝毫没有发现一点异样,他们很难将他生前的行为与他的自杀行为联系起来。方宏洁身自好,没有政治问题,也没有经济问题,他的死让许多人百思不得其解。

方宏在事业上应当说是很成功的。在出任总经理之前,曾任公司董事会秘书长兼大项目协调部经理。在企业的发展过程中,方宏付出了巨大的心血,人称"中国的艾柯卡"。方宏在产品制造方面有很高的造诣,还被某著名大学聘为名誉教授。

随着事业的成功,地位的上升,方宏面临的压力也越来越大,心理负担也日益加重。他显得有些力不从心了,每晚都要靠安眠药帮助入睡。1993 年,公司的年产量要在 1992 年的基础上提高 35%,但资金方面却存在较大的困难。这时与他感情甚笃的夫人偏偏又患了癌症,动了大手术。

3 月 9 日,他将文件交给秘书时说:"我想安静一会儿,请你们别来打扰。"16 分钟之后,方宏从五楼总经理室的窗口跳下,轰然坠地。

方宏之死,看起来是外在的压力过大所致的,实际上却是因为他的个性与工作性质相冲突造成的悲剧。毫无疑问,方宏是一个出色的企业家,他才能出众,正直、勤勉、认真,这对他事业的成功起了极大的作用。但他内向、少言,过于追求完美,对自己近乎苛刻,使他背上了沉重的心理包袱。他平时做事极为认真,一丝不苟,这使得本来就很沉重的工作变得更加沉重起来。

其夫人住院的 20 多天里,方宏每天必去探望,他服侍夫人的那份细心,别人想都想不到。这种细心使他对人、对事、对物往往有着更为深刻的情感体验,同时也加重了他的心理负担。

长期的内心冲突和矛盾、长期的自我压抑以及心理的超负荷运转，终有超过极限的时候。终于，方宏选择了这样一种完全解脱的方式。

方宏内向、谦和、谨慎、认真、细致、守信，富有同情心，如果他仅仅做一个研究者或一个项目负责人，或许不至于走到这一步。他缺少一个现代企业家所应当具备的另外一些品质，如自信乐观、开朗愉快等等。

人的个性一旦形成，就很难改变，但这并不是说人们只能顺其自然，人们可以通过自身的努力，充分发挥自己性格优势方面的作用，避免或减少自己性格中的劣势方面对事业的影响。性格的作用是一把双刃剑，我们在选择人生目标时，一定要扬长避短，选择适合自己的职业。

不同的社会需求，不同的职业选择

选择职业要根据自己的个性和兴趣做出决定，此外还要根据社会的需要做出适当的调整，即择业要符合社会的需要。

所谓符合社会需要，是指一个人在选择职业时，要把社会需要作为出发点和归宿点，以社会对自己的要求为准绳，由此观察问题和认识问题，进而决定自己的职业岗位。

近年来，随着高校毕业生就业制度的改革，毕业生有了更多的择业自主权，改变了过去那种一切都由组织安排好的被动局面。但是，这种所谓的择业自主权仍然是相对的、有条件的，并非不顾社会需要，一味追求"自我设计"。

在我国，培养大学生的目的，就是要求他们为社会主义建设事业服务。社会的发展，科技的进步，经济的繁荣，也都期望着合格的大学生去为之奋斗。从另一个方面看，社会是由人构成的，社会需要本质上就是人类的需要。在现实生活中，个人需要的内容无论怎样复杂，总是受社会要求的制约。因为，从个人与整个社会的利益上看，所谓社会需要，就是一定社会、一定阶级在一定时期的奋斗目标。无数的个体在各自的职业岗位上努力工作，就是为了实现这一共同的奋斗目标。人们正是通过不同的职业活动，既满足着社会的需要，也满足着个体的需要。社会的每一步发展，都是各种职业活动共同作用的结果。

另外，职业岗位是随着社会历史的发展而产生的，社会上每一个职业岗位的出现也都是社会发展的需要。例如，因开矿的需要，才有人从事矿业；因航海的需要，才有人从事造船业；因交通的需要，才有人制造车辆等。正是由于社会不断发展，需要越来越多的人从事职业活动，才有了职业岗位的选择。由此可见，没有社会的需要，就没有职业和职业分工，也就没有职业岗位的选择。因此，在选择职业时，大学生首先要把社会需要作为出发点，把个人意愿和社会需要结合起来，统一起来，使自己所选择的职业岗位符合社会的需要，当个人利益与国家利益、集体利益发生矛盾时，要自觉地服从社会需要，到祖国最需要的地方去建功立业。

第二节　成功先要入对行

就业如同婚姻，一桩美满的婚姻可以造就一个幸福的家庭，一份理想的工作可以成就一个人辉煌的人生。那么，面对众多的职业，我们该如何选择才能登上成功的殿堂呢？

择业不能好高骛远

在择业时如果只想找比较体面、门槛高的工作，那么，你就陷入了择业的误区，就如同下面故事中的哥哥一样。

上帝给了哥哥和弟弟每人一粒种子，并许诺说："3年后，谁培育出人间最大的花朵，让我在天堂都能观赏得到，谁就能获得飞翔的机会。"

哥哥立即揣着种子出发。他发誓要找到世上拥有最肥沃的土壤、最优良的气候条件的地方。弟弟没有出发，因为他觉得脚下的土地状况蛮不错，随手将种子种入土中。

1个月后，种子发芽、长大、开花了。那花很平常，既不大，也不稀奇。弟弟没有放弃，依然精心培育、守护。第二个月，他收获了几十粒种子。然后，他将种子全部种入附近的土地中。

此时的哥哥，已经走了很远。

弟弟的种子又开花了，依然是平常的花朵，只是颜色多了两种。弟弟很高兴，他像园丁一样关怀着这些花。不久，他收获了一小袋种子，并立即将种子播撒在更大的范围里。

此时的哥哥，杳无音信。

弟弟的种子又开花了，依然是平常的花朵，但出现了一些变种，颜色也更加多样。弟弟很兴奋，他估计奇迹就蕴藏其中。不久，他收获了几袋种子。为了更广泛地播种，弟弟爬上附近的山头，把种子撒向四面八方。

两年过去了。哥哥走遍天涯海角，但始终没有找到合适的土地，因为他认为再好的土地都有些可疑，似乎仍有更神奇的土地在遥远的地方召唤他。因此，他的那粒种子一直揣在怀中，无法发芽。

而此刻弟弟所在的地方，已是漫山遍野的花朵了。这些花朵形态各异，多姿多彩，虽然没有一朵堪称大花，但弟弟并不感到失望，因为种花本身的乐趣令他欣喜不已。

第三年春天，上帝站在天堂的大门边，看见人间有一朵硕大无比的花，弟弟正在忙忙碌碌。而哥哥依然揣着种子到处奔波，像个投机分子。

这时候，弟弟感觉自己身轻如燕……他抬头看见了上帝的微笑，于是他像展开了翅膀一样在空中翱翔……

择业是我们必经的一个门槛，只有认真地对待，才能顺利进入成功的大门。聪明的办法就是不要好高骛远，要从最底层做起。

詹姆斯是机械制造业的高才生，和许多人的命运一样，在一家公司每年一次的用人测试会上他的申请被拒绝了，其实这时的用人测试会已经是徒有虚名了。詹姆斯并没有死心，他发誓一定要进入维斯卡亚重型机械制造公司。于是他采取了一个特殊的策略——假装自己"一穷二白"，一无所长。

他先找到公司人事部，提出愿为该公司无偿提供劳动力，请求公司分派给他一份工作，任何工作，他都不计任何报酬来完成。公司起初觉得这简直不可思议，但考虑到不用任何花费，也用不着操心，于是分派他去打扫车间里的废铁屑。一年来，詹姆斯勤勤恳恳地重复着这种简单而劳累的工作。为了糊口，下班后他还要去酒吧打工。这样做虽然得到老板及工人们的好感，但是仍然没有一个人提到录用他的事情。

1990年初，公司的许多订单纷纷被退回，理由均是产品质量有问题，为此公司将蒙受巨大的损失。公司董事会为了挽救颓势，紧急召开会议商议解决，当会议进行一大半却尚未找到一个好的解决方案时，詹姆斯闯入会议室，提出要直接见总经理。在会上，詹姆斯把出现这一问题的原因做了令人信服的解释，并且就工程技术上的问题提出了自己的看法，随后拿出了自己的产品改造设计图。这项设计非常先进，恰到好处地保留了原来机械的优点，同时克服了已出现的弊病。总经理及董事会的董事见到这个编外清洁工如此精明在行，便询问他的背景以及现状。詹姆斯面对公司的最高决策者们，将自己的意图和盘托出，经董事会举手表决，詹姆斯当即被聘为公司负责生产技术问题的副总经理。

原来，詹姆斯在做清扫工时，利用清扫工的身份到处走动，细心察看了整个公司各部门的生产情况，并一一做了详细记录，发现了公司所存在的技术性问题并想出解决的办法。为此，他花了近一年的时间搞设计，做了大量的统计数据，为后来大展宏图奠定了基础。

找工作时如一味追求体面、薪水丰厚的岗位，那么就会让自己错过很多机会，如果能像詹姆斯一样从低做起，继而走向辉煌也不失为明智之举。即使是从事最底层的工作，只要你有才华就会闪闪发光。所以我们在刚刚开始择业时，不妨从最底层做起，体验一步一步走向辉煌的精彩过程。

选择错了及时回头

爱默生说，一个年轻人踏入社会，就正像一叶小舟驶进大江大河一般，处处都要谨慎小心，要时时仔细察看周围的障碍与困难，然后设法一一清除，这样才可以安然穿过河口，驶入大海之中。择业也是如此，择业时我们应该谨慎，而一旦选择了不适合的职业时要及时更改。

一头骡子不小心掉进一口枯井里，它的主人绞尽脑汁想要救出它，却未能成功。最后，主人决定放弃，他请来左邻右舍准备一起将骡子埋了，以免除它的痛苦。他们将泥土铲进枯井中，骡子了解到自己的处境后开始叫得很凄惨，但过了一会儿之后就安静了下来。主人往井底一看，大吃一惊：当泥土落在骡子的背部时，它将泥土抖落在一旁，然后站到泥土堆上面！就这样，骡子将大家倒在身上的泥土全部抖落在井底，然后再站上去。很快，这头骡子便走出了枯井。

在择业的过程中，我们难免会落入陷阱，或被人落井下石，以致选错自己的行业，在这时候你要做的是：像寓言中的骡子一样，将身上的"泥土"抖落，然后及时退出选错的行业。

一个人可以选择很多种职业。即便去做那掘沟渠、开煤矿、搬砖石、砌瓦片的工作，也不要去做那些伤害人格、妨害自尊、违背天良、牺牲快乐、违反情理的事情。

凡是能成就大事的人，遇到重要的事情时，一定会仔细地考虑："我应该把精力集中在哪一方面呢？怎么做才能使我的品格、精力与体力不受到损害，又能获得最大的效益呢？"

首先，你应该做的是，选择一个最能让自己稳定发展的环境，在这一环境中，竭尽全力去把事情做得完美，以此来实现你期望的目的。总而言之，一开始做事的时候一定要先迈得开步伐，然后才能大踏步地前进，在一个适合自己的环境里，我们才能顺利地做事情。

很多人往往存有一种错误的观念：认为我们从小就对某方面的事情感兴趣，所以长大了从事这方面的职业一定顺水行船。其实，这种观念是不对的，有很多人要等到中年才能最终确定自己究竟要走哪条路，因为人到中年时，他们在职业方面已经积累了丰富的经验。

当然，我们应该及早选择一种最适合自己的职业，但也不可过于急躁、过于草率。如果无法马上确定，不妨慢慢来，再慎重考虑一下。固然，这样的问题对于才智过人的年轻人来说是不难抉择的，但是仍然有多数的年轻人为职业选择的事情心烦意乱、焦头烂额，自己究竟应该往那边走，还是往这边去？尤其是好的机会降临时，他们更不知道该怎么办。其实，在通常的情况下，一个年轻人即使没有多少事业上的愿景，只要他们品格端正，勤勉努力，就必然能在社会上站稳脚跟。

有人问美国银行家乔治·皮博迪，他是如何找到这份工作作为一生的职业的，乔治·皮博迪说："我哪里去找过它？是它自己找上门来的！"有时，很多琐碎细小的事情，比如偶然事件、环境、出生地、穷困、失学等等，都会成为我们获得某种职业的决定性因素，这就好像许多微不足道的问题能影响到一生的命运一样。有时，偶尔读一本书、听一次演讲、吸取一个教训、接受一次批评、获得一次嘉奖或遭遇一场危险，都会成为一个人事业的转折点。

亨利·戴克教授说："一个人最大的致命伤就是遇事犹豫不决，优柔寡断。其实，做事情时只要觉得有些把握并且还有兴趣，那就完全可以当机立断，立志去做。在职业方面，种种无谓的考虑与担忧，只会妨碍自己的前程，只有那些勤勉努力、踏实工作的人，才能不断提升自己。"

很多人在刚开始选择工作的时候没有任何头绪，他们总是在想："我应该怎么做呢？""我究竟该做什么事呢？""怎么做才能最大限度地发挥我的才能呢？"如果有人能替他们决断这些问题，不但能使他们减少不少的烦恼，甚至还可以间接地影响人类文明的进程，因为如果世界上所有的人都无法在最适合自己的职位上工作，那么人类文明就永远达不到最佳的状态。

到最适合自己的地方去

我们常常看到这样的情况，有的人学识渊博，但是因为所从事的职业与他们的才能不相配，久而久之竟使他们原有的工作能力都丧失了。由此可见，一种不适合自己的职业最容易耗费人的精力，浪费人的才能。

做事时必须要有远大的志向，才会聚精会神、全力以赴地去做。世上没有什么比不称心的职业更摧残人的意志、践踏人的自尊、使人丧失内在力量。

从事不适合自己工作的人，别人常常可以从他的脸色、举止及态度上看出他的不快乐，通常他们脸上没有笑容，说话、走路、做事都是懒洋洋的，提不起一点精神。

家长强迫子女从事他们自己不称心的工作，也算是世上最悲哀的事情之一了。这些可怜的孩子们常常感到无比的压抑、痛苦，又不知所措。家长们认为自己是为孩子着想，当然是希望子女们能在事业上步步高升，崭露头角。但他们一点也没考虑这份工作是否适合子女，于是家长的一番好意不仅对子女无益，反而阻碍了子女的发展，葬送了他们大好的前程。

当家人、朋友要求你做一番大事业的时候，你万万不可草率决定，要三思而后行，要坚定意志去做那最合你心愿的工作。择业要选"性之所近"的工作，所以，你要仔细分析体察自己的个性特征与兴趣所在。如果一时难以决定，不妨将各种职业都考虑一下，然后问自己："我对做成这件事有多大的把握呢？这件事与我的兴趣是否相合？与我的个性有冲突吗？我有足够的毅力、耐心和体力把这件事做好吗？如果中途面对挫折和障碍，我会半途而废吗？我能设法克服这些挫折和障碍吗？"你所选择的事业必须与你的才能、体格和智力相适应，同时还必须适合自己的个性，这样才能使自己能胜任并愉快地从事这一职业，永不抱怨。

如果你所选择的职业不适合你，那么不但不能成功，它甚至还会剥夺你生活的兴趣。但是，如今的很多年轻人大多没有考虑到这一层关系，他们往往喜欢做其他人看来很体面的工作，至于工作本身的特点倒不在考虑之内。

不知有多少人因为只考虑到工作的体面而断送了一生的幸福，他们以为体面的工作肯定是成功的捷径，而不管自己的性格、才学是否与之相称，他们完全不懂得成功的真正意义。

提高为人处世的能力，比任何事业上的成就都来得有价值，都更为重要。一个人除了理智外，最重要的东西就是感情，感情其实与我们所拥有的学问一样宝贵。但是，很多受过教育的年轻人在刚跨入社会时，往往存在着刚愎自用、自高自大、对人冷淡等不良习惯。要改正这些不良习惯，就必须从修身养性、培养感情开始，要努力使自己成为一个令人愉悦、接人敬重的人。如果你认为自己在某种事业上缺乏足够的才能，那还是抛弃这种事业为好。否则，你的一生一定会在悔恨与失意中度过。

其实，选择终身的职业是一件颇费周折的事情，在决策之前，必须先剖析自己的才能与志趣，要深思熟虑地加以考虑，职业的重要方面要与自己的志趣相合，而且自觉确能胜任，这才算得上是选择了最适合自己的职业。

年轻人一旦选择了真正感兴趣的职业，工作起来也会特别卖力，总能精力充沛、神气焕发，能愉快地胜任，而绝不会无精打采、垂头丧气。同时，从事一份合适的职业还会在各方面发挥自己的才能，使自己迅速地进步。

当你要开拓某一职业领域的时候，你要以积极的态度，不断地勉励自己、训练自己、控制自己，只要有坚定的意志、永不回头的决心，不断地向前迈进，做任何事情才会有成功的希望。

任何职业只要与你的志趣相投，你就绝不会陷于失败的境地。但是，在工作的过程中，有人常常容易受到外界的诱惑，受制于自己的欲望，便把全部的精力投入到工作之外的事情上了。像这样的人，怎能期望成功会降临到他的头上呢?

第三节 未雨绸缪，做好择业准备

如今，人才越来越多，竞争越来越激烈，找一份工作难，找一份好工作更是难上加难，这就要求我们做好充分地准备。

不良就业心理，成功的大敌

很多人，尤其是刚毕业的大学生，在择业时经常会有不良的心理。不良的就业心理如同魔鬼一样，你越害怕它，它就越如影随形般跟着你。所以我们有必要识破它们并将其制服。

(1) 就业时的焦虑心理。焦虑是指一种内心紧张，预感到将来可能发生不幸的心理。毕业就业中的焦虑心理表现在：面对激烈的竞争市场，自己能否如愿以偿；在国家需要、个人志向、专业发展、工作环境等诸多矛盾中如何做出最佳抉择；选择失误造成"千古恨"如何是好等。在人生的转折关头，这些焦虑使他们精神负担加重、心神不宁，甚至患上严重的神经衰弱，影响今后的工作、学习和生活。

(2) 就业时的急躁心理。择业时很多人都希望尽早确定去向，尽快落实单位，表现出急躁心理，特别是在规定期限内未落实单位的大学生。他们时常幻想在供需见面会上能一锤定音，找到称心如意的工作，致使自己在对招聘单位一无所知或了解甚少的情况下，盲目答应对方的条件，匆匆签约，而一旦未能如愿，就抱怨生不逢时，或认为自己命运不济，而自暴自弃。

(3) 就业时的骄傲心理。骄傲使人落后，骄傲助长个人主义和自私自利的心理。有些毕业生对自己估价过高，傲慢自大，目空一切，认为自己握有一张大学文凭，就应进大城市、进好单位，甚至表现出看不起这种职业，瞧不起那个单位，或者向招聘单位提出高薪、住房、照顾家庭等要求，这些势必引起对方的反感，造成择业失败的后果。

(4) 就业时的自卑心理。自卑是轻视自己或对自己不满，认为自己无法赶上别人的一种情绪体验。自卑是就业成功的大敌。就业中的自卑心理表现在：缺乏正确的自我认识，自惭形秽，缺乏信心和勇气。有人不敢竞争、疑神疑鬼；有人"衣破怕风"，害怕别人提到自己的缺点和不足，稍遇挫折，就一蹶不振、畏缩不前。

(5) 就业时的嫉妒心理。嫉妒是指一个人感到不如别人而产生的痛苦或不满、自责的心理特征。嫉妒是人际关系的阴影。有人喜欢攀比，在攀比中发现别人能力强，找到了好单位，或很快落实了工作，就产生了不满情绪，背后议论别人的缺点，甚至公开别人的秘密，或采取违法的手段，或与超过自己的同学寻衅滋事，无端讽刺、挖苦。这些都是害己害人的，将影响到未来的团结合作，共同进步。

(6) 就业时的怯懦心理。怯懦心理在很多刚从学校毕业的年轻人身上都有所表现，特别是在同招聘单位直接洽谈的过程中，有的同学一坐在谈判桌前就面红耳赤、手足无措，结果语无伦次、措辞不当，辛辛苦苦准备的"台词"、"腹稿"由于紧张而忘得一干二净。有的敏于细节、谨小慎微，唯恐个别方面处理不妥影响到自己在用人单位心目中的形象，以至于不敢放开思路，表达不清楚，回答不完全，最终导致择业的失败。

不良就业心理影响着我们的成功和前途，是我们的敌人，所以我们要消灭它，这就需要做到以下 3 点：

(1) 确立正确的择业观。俗话说："好儿女志在四方。"我们中华民族历来就有"以身许国"、"志在四方"的高尚情操和传统美德。所以我们在就业过程中，应当有长远的目标方向，把眼前利益和长远利益结合起来考虑问题。切忌因偏重于自己的经济地位、急功近利因而耽误自己的前程。我们应牢记马克思的话："如果我们选择了最能为人类福利而劳动的职业，我们就不会为它的重负所压倒，因为这是为全人类所做的牺牲，那时我们感到的将不是因为一点点自私而得到的可怜的欢乐，我们的幸福将属于千百万人，我们的事业并不显赫一时，但将永远存在。而面对我们的骨灰，高尚的人们将洒下热泪。"

(2) 确立正确的择业方向。职业是每一个年轻人都必须慎重选择的人生大事。当一个人所选择的职业与自己的理想一致时，他就会在工作中充分发挥自己的优势，并使个人潜能得以最大限度的发挥。反之，如果选择职业时脱离自己和生活的实际，以幻想代替科学的分析和预测，把能否留在城市、待遇高低和工作舒适程度作为选择职业的标准，而对老、少、边、穷地区不屑一顾，那就很可能会走入择业的误区，影响到将来的工作、生活，甚至一生无所作为。所以，我们在就业前一定要确立正确的择业方向，把能使自己在社会实践中尽快脱颖而出和最大限度地实现自身价值作为择业的标准。总之"是金子总会闪光"，是人才总会有用武之地，关键在于我们如何去寻找适合自己的用武之地，把握好自己的人生航向。

(3) 调整好社会实践心理。对于大学生而言，在校时处于较为安定的学习、生活环境中，而一旦步入社会，就会遇到许多意想不到的现实问题。如果没有必要的心理准备，对社会实践活动过分理想化，碰到难题时，就会无所适从，一筹莫展。可见，做好心理上的准备工作，是社会实践活动卓有成效的保证。这里关键是要弄清当前社会的现状和趋势，分清主流和支流，把握好社会实践的主动权。另外，提高自己的心理承受能力也是非常重要的。一方面要不怕困难，正确对待社会实践中出现的挫折和困难，有艰苦奋斗的精神准备；另一方面要克服侥幸、骄傲情绪，不能恃才自傲，忘乎所以。调整好社会实践心理，我们就会顺利地步入社会，并积极地改造社会，造福人民。

就业"三部曲"

选择职业时，一般要经历 3 个步骤，只有充分了解这 3 个步骤，并做好准备，才能顺利找到工作。

1. 收集求职信息

求职，首先要知道哪些公司在招聘，招聘什么样的人才，这些信息可以在网上或招聘会上收集到。对于应届毕业生而言，首先要了解现在哪些有接收应届毕业生计划和指标的单位在招聘，然后从中筛选出适合自己的单位。了解的方式有：参加为应届毕业生举办的大型供需见面会、招聘会或专场洽谈会，广泛了解用人单位的需求；参加各高校举办的校内供需洽谈会，了解用人单位招聘的专业要求；到市人事局大学生就业服务中心登记求职，并通过该中心的毕业生就业服务支持系统查询需求信息；通过电话向高校毕业生需求声讯台查询需求信息；通过网络查询社会招聘信息，建立个人资料网页，进行网上求职等。

2. 做好简历和求职信

简历和求职信，是用人单位了解求职者的重要途径，也是求职者自我推销的重要手段。

简历的内容一般包括：个人的基本情况，学习、受教育的经历，参加学生社团或社会实践的情况，以及个人的特长和爱好。文字要简洁明了，逻辑、语法不能有错，更不能有错别字。篇幅以一两页纸为好，重要的内容不能疏漏，切忌啰啰唆唆长篇大论。

而写求职信，则要注意以下几点：

(1) 有针对性。不同的用人单位，"择才"的角度不一样。一位外贸公司的经理说，他最喜欢能说会写的人。他认为这两个方面对于外贸业务有很大的帮助，至于专业学得好不好，以后可以进行专门培训。

某校的一位系主任说，他最喜欢科研能力强、文章写得漂亮、表达能力强的人。用他最常用的一句话来说，就是喜欢有点"灵气"的人。

正所谓"萝卜青菜，各有所爱"。但怎样才能投其所好呢？这就涉及以下 3 个问题：一是深入了解招聘单位以及所要应聘工作的情况，更为重要的是还要了解招聘者的兴趣、爱好和个性特点；二是在客观分析自己现状的基础上，找出能够吸引招聘者的条件；三是发挥自身优势。

(2) 突出重点。所谓突出重点就是在自我介绍时要突出那些能引起对方兴趣，有助于自己获得此项工作的内容。主要包括专业知识、工作经验、特长和个性特点等。

在介绍专业知识和学历时，你可以强调自己的专业特色，但重点要强调工作经验和能力。

工作经验是求职信中最重要的部分，也是招聘单位看求职信时最注意的部分。介绍经验时内容不能太空泛，宁可少写几项经验，也要把它写具体，使之真实、可信、有说服力。介绍自己的经历和经验要始终围绕着一个中心——你有能力胜任这项工作。

曾经工作过的求职者，在陈述工作经历时，不要单纯罗列职位、工作单位和工作时限，还应简要描述工作职责、具体操作、一至两项最成功的事例。

(3) 强调自己的与众不同之处。有与众不同之处，这就是一个人的特长，如果你能在求职信中将它巧妙地表现出来，就会倍受用人单位的青睐。

特长不仅是指专业所长，也包括了文体特长、语言特长、书画美术特长、社交特长等等。比方说，你会说一口流利的广东话，那么去深圳找工作时这就是你的特长。

3. 做好面试准备

面试是求职的最后一关，也是关键的一环，所以我们要做好充分的准备。

(1) 注重第一印象。良好的形象就是别人对他的评价和他在别人心目中的地位。在日常生活中，每个人都要接触、结交一些以前不曾相识的人。能否与其保持交往，很大程度上取决于第一次见面的"印象"。因此，人们对"第一印象"异常重视。在求职面试中更是如此。影响"第一印象"的因素很多，如服饰、语言、表情、动作、礼仪、风度等，大体可分为"外貌打扮"、"举止"、"仪容"和"谈吐"4大类。我们很难想象一个没有良好形象的人能够在求职面试中脱颖而出，成为一枝独秀。在求职时个人形象尤为重要，可以说关系到个人的前途和命运。

(2) 进行正确的自我评价。每个人都知道"天生我材必有用"，但只有用在恰到好处时"方能英雄大有用武之地"。要正确评价自己，必须从社会需要和发挥个人特长的相互结合上下功夫，只有充分认识、了解自己的兴趣、爱好、能力，才能知道什么样的职业岗位更适合自己，做到既不眼高手低，也不无所作为。

(3) 增强自信心。面对对手如云的求职竞争，我们很多人不免会有或多或少的自卑感。在面试过程中缩头缩脚，过于拘谨，往往会因此错失良机。思想上有压力、心理上有负担，这些都是在所难免的，最重要的是依靠自己坚定的自信心战胜这些困难。

(4) 增强竞争意识。随着职业的竞争越来越激烈，求职者只有具备了应有的竞争心理，才能抓住稍纵即逝的机会，得到令人满意的工作。现代社会到处充满了竞争，对于一个求职者来说，自己的独立感和自尊同时受到了挑战，面对各种矛盾，应控制好情绪，运用理智应付，避免走向反抗、退缩或逆来顺受的极端；不要被招聘广告中的条件所吓倒，不要怀疑自己的能力，不要在考官面前表现得战战兢兢。竞争给人的机会是均等的，但实际上机会又只偏爱那些具有竞争心理、有表现意识的人。

4 招教你提高竞争力

面对众多的竞争对手，如何才能击败他们，获得胜利呢？那么不妨试试以下几点，它将会使你更加从容、轻松地应对残酷的竞争，提高自身的竞争力。

1. 讲究诚信

诚信是金，在择业时如果你拥有诚信，那么你就比别人多了竞争的资本。

早年，尼泊尔境内的喜马拉雅山南麓很少有人涉足。后来，许多日本人到这里观光旅游，据说这种变化源于一位少年的诚信故事。

一次，几位日本摄影师请当地一位少年代买啤酒，这位少年为之跑了3个多小时。第二天，那个少年又自告奋勇地再次替他们买啤酒。这次摄影师们给了他很多钱，但直到第三天下午那个少年还没回来。于是，摄影师们议论纷纷，都认为那个少年把钱骗走了。

第三天夜里，那个少年却敲开了摄影师的门。原来，他只购得 4 瓶啤酒，尔后，他又翻了一座山，趟过一条河才购得另外 6 瓶，返回时却摔坏了 3 瓶。他哭着拿着碎玻璃片，向摄影师交回零钱，在场的人无不为之动容。

这个故事使许多人深受感动。后来，到这儿的游客就越来越多了。

从这个故事我们可以看出诚信的力量是伟大的，你对别人讲究诚信，受益的还是你自己。择业时如果你有诚信，那么你就会备受用人单位的青睐。

2. 沉着冷静

如今社会竞争激烈，一个工作往往有很多人去竞聘，那么要想脱颖而出，你必须保持沉着冷静，灵活聪明地应对一切。

一群年轻人都是经过了多次筛选的佼佼者，现在，他们正面临着最后的考验——一场限时 10 分钟的考试。谁通过了，便可进入这家著名的大公司工作。

试卷共 30 道题，面宽而量广，这完全出乎大家意料。嗬！这么多题，10 分钟时间委实太短了。许多人一拿到试卷便半秒也不肯耽搁地作答，全然不顾监考官"请大家先将试卷浏览一遍再答题"的忠告。

试卷在 10 分钟后悉数收齐，总经理亲自批阅，从中挑出 6 份试卷。这 6 份卷面有一共同特点，即 1 至 28 题全都未做，仅回答了最后两个问题。而其他试卷上的答题情况则好得多，做了前面不少题目，最多的做了 12 题。

公司录用的竟然是那 6 个仅答了最后两道题的年轻人——原来秘密就藏在第 28 题中，它的内容是：前面各题均无须回答，只要求做好最后两题。

保持冷静，处理问题不慌不躁才能做到最好。

3. 拥有强烈的信念

没有一个公司会聘用一个没有信念的人。如果你想拥有一份好工作，那么你就必须拥有得到这份工作的强烈愿望并付诸行动。

福勒是美国一个黑人佃农的儿子。他5岁开始劳动，9岁以前以赶骡子为生。他们一家一直过着很贫穷的生活。福勒有一位不平常的母亲。她很快地发现福勒与其他6个孩子的不同。这位母亲经常将福勒拉在身边跟他谈心。她反复地说："福勒，我们不应该贫穷！我们的贫穷不是由上帝安排的，而是我们家庭中的任何人都没有产生过出人头地的想法……"

我们的贫穷是因为我们没有奢想过富裕！这个观念在福勒的心灵深处刻下了深深的烙印，以至成就了他以后无比辉煌的事业。

福勒改变贫穷的愿望像火花一样迸发出来——他挨家挨户出售肥皂达12年之久，并由此获得了许多商人的尊敬和赞赏。以后，福勒不仅在最初工作的那个肥皂公司获得了控制权，而且在其他7个公司都获得了控制权。可以说，福勒获得了巨大的成功。他彻底改变了家庭的贫穷，扭转了家庭的命运。

哲人说："所有伟大的成就在开始时都不过只是一个想法罢了。"

无论追求财富，或获取健康；无论谋求功名，或寻找快乐；无论寻求利益，或追逐自由，如要达成目的，首先必须有一个强烈的信念并锲而不舍地为之奋斗。的确，"我们的贫穷是因为我们没有奢想过富裕！"当我们连有所成就的愿望都没有时，我们还能获得什么呢？

福勒说过，假如你知道需要什么，那么，当你看见它的时候，就会很快地认出它并最终抓住它。

4. 坚持到底

坚持就是胜利，择业也一样，只要你比别人多坚持一步，那么你就能得到别人得不到的东西。

某君前去应聘推销员。一早，他左转右转寻至某大厦某层某房。敲门，推门进去后看到3个男人正跷着二郎腿，斜躺在沙发上闲聊。

"请问这是某公司的招聘办公室吗?"某君很礼貌地问。

"你搞错了,这不是某公司的招聘办公室。"其中的一个男人侧着身回答。

某君一愣,回身看看房号,又走了进来:"对不起,招聘启事上写的应该就是这里。"

"哦,现在还没到面试时间呢。"另一个男人回答。

"那我可以坐在这里跟你们一起聊聊天吗?"某君问道。

"别等了,应聘的人已经满了。"又一个男人说。

"可是招聘启事上的截止时间是明天,请务必听听我的自我介绍。给我一个机会,我会给你们一个惊喜。"某君坚持用简短的语言把自己的情况及工作设想说完。

"行!"那3个男子相视一笑。

某君就这样通过3句话被录取了,而在他之前,却有数十名应聘者被3句话打发走了。

原来他们的3句话考的是推销员应该具备的判断力、自信心、融洽都性和锲而不舍的推销素质。

比别人多一些耐心,多一份坚持,那么你就能多一些优势,少一些羁绊。

第四节　正确择业早知道

职业的选择几乎决定了年轻人的喜怒哀乐，因此可以说择业不是简单地寻求一份职业，而是谋求一种让自己一生无悔的生活方式。所以我们在择业时要慎重考虑，认真对待，明明白白去择业。

不仅埋头拉车，还要抬头看路

选择职业时，如果一味地低头只为远方的目标而盲目前行，那么是不会有前途可言的。选择职业要讲究方法，下面一起看看这则故事：

小张与小李是同班同学，大学毕业后二人都准备参加工作。于是他们开始投递简历，去人才市场，折腾了半个月后，终于有了收获。有一家咨询公司通知小张上班，终于找到工作了，小张松了一口气，什么都没想第二天就去报到了。然而没过多久这家公司被查封了，原因是没有办理注册手续。工作了1个多月小张一分钱都没拿到。而小李呢？在收到公司的邀请通知后没有草率行事，而是仔仔细细地查验了公司的各种情况，在确保没有大问题后才决定去邀请他的公司上班。

聪明的人在择业时总是采取聪明的态度，而非盲目行动。

当今是人才自由流动的时代，不小心进了一家不"地道"的公司，完全可以随时走人。从表面上看这是很正常也很平常的事，然而一段不愉快的工作经历毕竟会影响情绪，而一个人的情绪完全可以引导一个人的处世方式。另外，频繁跳槽对人生事业发展也很不利，特别是对涉世未深的年轻人，在没有确定自己职业方向时，跳来跳去不仅会迷失自己，同时也会浪费大好青春。

所以我们在择业时，不仅要采取一定的策略，也要看到公司的优劣。

一家公司未来前景如何，可以从以下 5 个方面进行判断：

1. 公司是否走"正道"

"正道"即成功之道。一家公司的远景如何，首先要看它的经营方针是否符合时代潮流和未来变化。对一个刚毕业的年轻人来说，也许还没有这种高瞻远瞩的战略眼光。不过不要紧，只要了解一些最基本的东西就足够了。比如，这家公司是否采用不正当的竞争手段？是否从事非法经营活动？假如你发现这家公司明显不走"正道"，最好尽快脱身，因为它的远景注定不妙。

2. 公司的生命力如何

一个公司的前景决定这家公司的生命力。如果这家公司处于一个夕阳行业，它的产品或服务行将过时，或者同类公司过多，市场已超出饱和度，说明这家公司天时不利。在这种情况下，除非你发现这家公司经济实力、人才实力特别强，或者已有切实可行的转型计划，否则最好不要选择这家公司。

3. 公司的"精神面貌"如何

一家公司是否具有"精神面貌"，这对于涉世未深的年轻人是很难判断的，不过，这不要紧，你只需根据表象作简单分析就足够了。比如，它的交通条件是否有利于开展业务？它的内部环境是否有欣欣向荣的气象？相对来说，内部环境是显而易见的。比如，办公室不清洁，各种物品随意摆放，卫生间有异味，说明它的管理很不规范，随意性强，你就不能指望在这里学到一流的管理方法。又如，它的员工对外来人员很冷漠，说明这里人气不足，要么是待遇不公造成的，要么是管理缺乏人情味造成的，反正在这里很难开心地工作。这些细节上的事情，只要你留心，就会发现，而不在于你有没有工作经验。

4. 公司的管理者是否能干又有责任心

在人应当具备的品质中，责任感是朴素而又十分可贵的。

俗话说，有什么样的领导就有什么样的团队和企业，一家公司的前途很大程度上寄托在它的"将"身上。如果这家公司从老板到各级主管都正直热情、能干而有责任心，那么这家公司一定不会差。所以，在应聘时，最好多见几位主管，或者找机会向公司员工打听一下他们的情况。

5. 公司的规章制度是否公平合理

企业的管理制度是企业文化的重要组成部分，企业管理制度是否科学，管理是否公平、公正，关系到企业能否健康发展。

一家公司采用怎样的管理方法，决定了这家公司的境界与水准。在找工作时，你不可能将它的工作规范、操作流程等一下子全部了解。不过你可大概看看它的规章制度，了解一下这家公司的价值观，然后判断其价值观是否和你的价值观相符。比如，你能接受这家公司"朝九晚五"、每周工作 5 天的安排吗？你能接受迟到一次罚款 50 元的规定吗？

选择职业要看选择对象的前景，更要做好自己的规划，那么怎么规划自己的职业生涯呢？

首先，要做好潜能的自我分析和自我开发。激发自己潜能的方法有：树立自信心、勇于尝试未知、正确对待压力。通过与别人沟通来缓解压力，通过谈话、交流来释放内心的痛苦，宣泄内心的不满。

其次，做好环境分析。环境因素包括了很多方面，比如个人的心理、生理特质；个人的经验积累情况；家庭背景；同时还要注意现在所处的社会经济发展状况，职业的变化情况。例如对于医学院的学生来讲，还特别要注意医学的发展情况；各种医学政策、法律的改革；医院体制的改革等情况，并根据这些情况来补充自己的知识。在做环境分析的时候，要注重分析个人因素，如思维能力、表达能力、管理能力、社交能力等方面，如果发现自己在某些方面还欠缺，就应该好好利用闲暇的时间，整体提升自己的竞争力，为将来的职业发展打下基础。

最后，制定合理、科学的职业生涯路线。每个人都要经历"寻找职业——职业定位——职业发展"的过程，在确定职业目标的时候，必须把目标详细具体地写出来，并要制定相应的行动计划和落实检查措施。而计划又应该包括长期、中期、短期3种，这样才有利于自己检查和监督，而且在实现了短期计划之后会给自己很大的鼓舞。

不要选择太热门的行业

年轻人在选择职业时往往一味追求热门行业，其实热门行业未必适合所有人。

所谓"热门行业"，指的是由于社会发展的要求，科学技术的进步以及人们生活水平的提高，社会对某些行业的人才需求比较迫切，比如电信、IT、培训、旅游等。

这些行业，由于潜力巨大，市场需求较多，确实蕴涵了比较多的职业发展机会，一般来说收入也很可观。但是，正是由于很多人都看好这些行业，无形中提高了行业的门槛，加剧了行业的竞争程度。年轻人如果不考虑自身的特点，一味拼命地往热门行业里挤，那么最后吃亏的还是自己。倒不如另寻他路，也许会柳暗花明。

在19世纪50年代，从美国加州传来发现金矿的消息。许多人认为这是一个千载难逢的发财机会，纷纷奔赴加州寻找黄金。有一个17岁的小农夫亚默尔，也加入了这支庞大的淘金队伍。他同大家一样，历尽千辛万苦，赶到加州，每日忙着寻找金矿。

淘金梦是美丽的，做这种梦的人很多，而且还有越来越多的人蜂拥而至，一时间加州遍地都是淘金的人，每条河流边，每个荒野里都聚集着大量的人。渐渐的，金子越来越难淘。不但金子难淘，而且生活也越来越艰难，当地气候干燥，水源奇缺，许多不幸的淘金者不但没能圆自己的致富梦，反而丧身此处。

小亚默尔经过一段时间的努力，和大多数人一样，并没有发现黄金，反而被饥渴折磨得半死。一天，望着水袋中那点舍不得喝的水，听着周围人对缺水的抱怨，亚默尔灵机一动，心想：淘金的希望太渺茫了，还不如卖水呢。于是亚默尔毅然放弃挖金矿的努力，将手中挖金矿的铁锹变成挖水渠的工具，从远方将河水引入水池，用细沙过滤，成为清凉可口的饮用水。然后将水装进桶里，挑到人群中，一壶一壶地卖给寻找金矿的人。

当时有人嘲笑亚默尔，说他胸无大志："千辛万苦地赶到加州来，不挖金子发大财，却干起了这种蝇头小利的买卖，这种生意在哪儿不能干，何必跑到这里来？"亚默尔毫不在意，不为所动，继续卖他的水。由于卖水的人只有他一个，而淘金的人实在太多了，人们又都得喝水，结果，亚默尔在很短的时间就靠卖水赚到6000美元，这在当时是一笔非常可观的财富了。他没有找到金矿，却自己创造了一座"金矿"。当大多数的人空手而归时，这个年轻人却有了巨大的收获。

亚默尔的成功告诉我们，"金矿"不仅仅在地底下，当大家都把眼光集中在某些地方时，也许正是你转移视线，另辟蹊径的时机。

择业也是这样，与其硬着头皮挤那座"独木桥"追求热门，不如走另外的大道，选择不被看好的行业，只要能到达成功的顶峰，又何必在意走哪条路呢？

冷门行业也有"钱途"

择业时，切忌跟随潮流，别人做什么你也做什么。其实有时候选择一些不被人关注的行业也会很有"钱途"。

时下，很多年轻人择业时往往只关注热门，比如电信、IT、制药等。

然而，当大家都蜂拥而上时，这些"阳关大道"也就成了"羊肠小道"了。与其与众人竞争这些热门行业的工作岗位，不如另辟蹊径，做一下调查研究，看看有哪些比较冷门的行业可做。说不定，你可以由此发现一条致富的新途径。或者，你也可以先到一个比较传统的冷门行业中，从最基础的地方入手，积累自己的工作经验和能力，等到时机成熟后，再跳到热门行业中也不迟。总之，不要太迷信热门行业，只要个人有学习和发展的机会，就可以放手去做。

丁徐行，南方人，2000年到香港，在他姐姐开的一家服装加工厂学习修衣技术。工作期间，他努力学习，认真领会。12个月后，丁徐行就能独立完成中低档名牌服装的修改。12年后，学了一门手艺的丁徐行回到老家自己创业，他开了一家服装专业修改行的店铺，专门为顾客修改衣服。由于在其老家独此一家，加上他的手艺好，服务又热情周到，很快就门庭若市。

随着名气越来越大，他的修改行成了当地很多服装厂家和名牌服饰专卖店的定点修改行，丁徐行也因此确立了"修改大师"的地位，并成为温州一个独特品牌。就这样，一门不起眼的修衣手艺，竟修出个"大师"来，别人看不上的小生意，竟也能财源滚滚而来。

还有一个百万富翁，他的创业之路就是寻找冷门行业来做。在他大学还没毕业时，他在报上读到一则小小的新闻，说有一位退休的老人，发明了一种可以给衣服、家具、环境加香的技术，操作简单，无毒无害。他看到后马上就与发明人取得联系，随后就轻而易举地取得了本地的销售代理权。

拿下代理权后，这位年轻人就在各个社区宣传销售。由于是新的技术，加上价格便宜，销售非常火爆，很短的时间内，他就赚到了可观的利润。有了"第一桶金"之后，他又发现了一个冷门，那就是在大公司驻地及写字楼附近租一些民居，改造之后，白天出租给那些"白领"小憩，晚上做培训学校用。结果他的这个主意又大获全胜，不出一年，他就成了一名真正的百万富翁。

通过以上两个例子，我们可以看出，行业没有什么"冷热"之分，只要适合你的，就是热门的。另外，在一些不被大家看好的行业和岗位上，一样可以学到职业技巧，增长工作经验。

不要忽视那些不属于"热门"行业的公司或职业领域。只要愿意花时间去琢磨，愿意全身心地投入其中，一样可以拥有属于自己的天地。

第 **4** 个决定
如何对待跳槽

第一节　你为什么要跳槽

在个人职业生涯中，跳槽是一件大事，尤其是对于有一定工作经历和时间的年轻人来说，更要好好考虑，问问自己为什么要跳槽。

跳槽不只是你一个人的事

经常跳槽对自己的工作不利，此外跳槽还不利于个人的感情生活、家庭幸福、用人单位等等。

吴军是那种"豪放派"、"潇洒型"的男人，毕业于某大学中文系。大学时因热衷于文学创作而整天活得有点"众人皆醉我独醒"的样子。毕业后他回到了家乡小镇的一家事业单位。后来，天性不安分的他索性辞职不干，只身揣着自己的几篇作品去外边闯天下，干过临时编辑，当过一家私营企业的办公室秘书。几番变动，到如今他仍是"自由化的无业游民"，到现在连个女朋友也没有。生活的孤独让他不再有以前的想法。现在吴军只想有一份安定的工作，找个伴侣快乐地生活。

跳槽不利于工作，也不利于自己的生活，再看看下面这个例子：

何凯是那种正处在青壮年边缘地带的男人，供职于某部属研究院。在单位何凯是技术骨干，又评上了高级职称，爱人孩子萦绕身边，其乐融融。

一次出差的机会，他结识了一位港商，这位港商在广东开了几家合资企业。交谈之中，港商对何凯的科研成果很感兴趣，当即以高薪邀请他南下合作。何凯不禁为之心动，回来后同妻子商量，妻子从孩子和家庭的角度出发，劝他放弃这个念头。两人于是发生矛盾，一气之下何凯愤然出走，独自南下；妻子也不甘示弱，提出离婚。一个家庭就在这次跳槽的论战中走向分裂。谈起这些，何凯略带感伤地说："其实我们是能够处理好这个矛盾的，家庭的破裂只怪当初我们都太冲动了。真想不到，自己人近中年还发生这些变故。从某种角度来看，我是得到了不少，但失去的也太多太多。人生的得失能简单地用三言两语说得清吗？不过，我既然选择了这条道路，就不会去想那些了。"何凯说得很轻松，但言谈中却透露出一种悲怆来。

从上面何凯的故事我们可以知道，跳槽不仅仅有可能对个人的事业不利，还不利家庭的幸福。不仅对自己不利，还容易伤害到他人。具体来说，跳槽的坏处有以下3点：

1. 对工作不利

一个人到一个单位报到后，从接受任务到熟悉业务，要有一个过程。想在工作中做出成绩，有所建树，需要的时间更长。如果频繁跳槽，对业务刚有点熟悉，又去了新的单位，有的还变换了工种、专业，又要重起炉灶重开张。跳来跳去，始终处在陌生的工作环境之中，不断需要从头开始、重新学习，这对工作是极为不利的。

2. 对自己的进步不利

做好一件事，要全身心地投入。有句话叫"板凳要坐十年冷"，就是说要十年、几十年如一日地刻苦钻研、埋头工作，才能使自己不断提高、进步。如果终日见异思迁，这山望着那山高，心思不定，怎么能提高自己的学术水平和业务能力呢？如果一味为了个人的利益而不安心工作，频繁跳槽，还会影响自己的形象和声誉，使用人单位对你侧目而视。

3. 对用人单位不利

用人单位把任务交给你，指望你挑大梁，担主角，而你却半途而废，离他而去，岂不要给用人单位带来麻烦，有时还会造成损失。

刷新心态，理性对待跳槽

跳槽是个人职业生涯的一大决策，所以我们要慎重考虑，理性对待跳槽。

或许你有过这样的经历：面试的时候，那似乎是一个理想的职位，处处符合你的要求，你甚至以为自己终于找到一份好工作。你把全部心思放在公司里，希望一展所长，可是，你却发现自己所做的只是一些很琐碎而毫不重要的事情，换言之，你被抛到一个闲置的位置上。上司答应交给你一份具有挑战性且有创意的工作，可事实是这份工作让其他同事瓜分了。你很生气，是不是？

人在气愤当中，往往会做出很冲动的事情，所以在你未采取行动向上司递辞职信之前，应慎重思考。

跳槽是一门学问，也是一种策略。"人往高处走"，这固然没有错。但是，看来简单的一句话，它却包含了为什么"走"、什么是"高"、怎么"走"、什么时候"走"，以及"走"了以后怎么办等一系列问题。

所以在跳槽时我们要用正确的心态，理智地采取对策，具体包括以下几点：

首先，跳槽的动机是什么？是不是必须要跳槽？大体来说，一个人跳槽的动机有如下两种：一是被动地跳槽，个人对自己目前的工作不满意，不得不跳槽，这具体包括对人际关系（包括上、下级关系）、工作内容、工作岗位、工作待遇、工作环境或工作条件、发展机会的不满意等。二是主动地跳槽，面对着更好的工作条件，如待遇、工作环境、发展机会，自己经不住"诱惑"而跳槽；或者寻求更高的挑战与报酬。

无论如何，当你具备了跳槽动机的时候，就是你跳槽行动的开始。但是，为了跳得更"高"，你在跳槽前不妨先问自己下面的问题：

(1) 是什么让你不满意现在的工作了？

(2) 你经过慎重考虑了吗？还是一时的情绪冲动？你尝试做自我调整

了吗？

(3) 跳槽会使你失去什么，又得到什么呢？

(4) 适应新的工作或环境、建立新的人际关系需要你付出更多的精力，你有信心吗？

(5) 你的背景和能力能适应新的工作吗？

(6) 你是为了生活而工作，还是为了工作而生活？

(7) 你有没有职业目标？新的工作是不是为你提供了一个清晰的职业方向？

(8) 你征求过专家的意见吗？你有没有咨询过职业顾问？

你如果对上述问题持肯定态度，那么你需要继续考虑下面5个问题：

(1) 你要跳过去的公司的职位是什么？如果比你现在的职位还低你能接受吗？

(2) 新的工作要求你从头做起，你有这个心理准备吗？

(3) 你在目前的公司里工作有多久了？一般来说，在一个公司的工作至少应该满1年，否则它不会为你提供非常有价值的职业发展依据。

(4) 你应何时跳槽？最好的状态是在目前工作进展顺利时跳槽，那么你的职业含金量会大大提升。

(5) 你实事求是地估价自己的能力了吗？你的优点或特长是什么？你有哪些不足？这里要求你既不要好高骛远，也不要妄自菲薄。

有些槽不得不跳

上面讲到跳槽不利于自己的工作、生活、家庭，但并不是绝对的，有时候我们如果继续工作下去将会对个人前途不利，所以这时我们就要跳槽。

有人说过这样一句话：人才，只有被当作人才用时才是人才，否则只能是废材。事实的确如此，如果你很有能力，在基础岗位上干了很多年还是不被领导重用，那么你就要考虑跳槽了。

某单位的孙某，自学考取了浙江大学英语专业研究生。3年后孙某学成归来，单位人事部门"重用"他到传达室当收发员，理由是单位每天都有外文函电往来。

听到如此安排，孙某简直不敢相信自己的耳朵。

他试着问："这是临时性的工作吗？"没想到领导却严肃地对他说："孙某呀，你有这种想法本身就是错误的嘛，对工作怎能挑挑拣拣呢？怎么能有临时观念呢？"

一盆冷水从头泼下，孙某不寒而栗，又百思不得其解。

半年后他再也按捺不住那颗躁动的心。一次他从报上得知广州招聘人才，就试着投了一封自荐信。没想到广州的工作效率果然高得惊人，不出半月他便接到对方同意录用的通知书。

于是孙某举家南迁，到广州第3天便住进了两室一厅的住房，并被分配到某大学任英语教师，给予讲师待遇。学校人事部门领导热情地握住孙某的手说："对不起，暂时委屈你了。"他听后热泪盈眶，过去当收发员被说成"重用"，今天当讲师，却说是"委屈"，两者对人才的态度真是大相径庭。

"士为知己者死。"孙某努力地工作，后来他被晋升为副教授、教授。有朋友问他："以前的单位与广州的差距有多大？"他笑笑说："一位收发员和一位教授之间的距离。"

"树挪死，人挪活"，为了活得更充实，活得更有价值，有时候就要选择跳槽。

一个公司，一个企业一般都是领导说了算，所以我们在做出跳槽决定时，要考虑你的领导是不是属于以下类型，如果是的话你就要做好跳槽的准备了。

1. 嫉贤妒能型

你的领导即使很有能力，但如果心胸过于狭窄，听不进去下属的意见，常对一些比自己强的员工进行打击报复。那么，在这样领导的带领下工作，不可能充分发挥自己的才能，选择跳槽是正确的。

2. 多疑型

此类型的领导总认为他与下属或上级之间有许多冲突。人们很难与多疑的人共事，因为他们所想象的与客观世界中的真实情况常常不一样。他们头脑中的扭曲想法无法被其他的人所接受。因此，别人很难预料或解释他们的行为和态度。

多疑的人很少有关系密切的同事或好朋友。他们的多疑阻碍了他们与别人交往，而别人则非常留意与他们保持一定的距离，以便防止不必要的冲突或问题。

为多疑型的上司工作会使你产生一种不切实际的感觉。由于他们经常会臆断自己与别人有冲突，也许与你有冲突，因此你总是不得不花时间猜测他们的心思，并经常为自己辩解，从而影响你的工作和提升。

3. 任人唯亲型

小李在某服装厂做经理。服装厂里除了他，很多人是厂长的亲戚。这种事情在家族企业非常普遍。厂里的财务科长是厂长的小弟，采购科长是厂长的妹夫。他们平时在厂里作威作福，威风八面，工人们意见很大，因此辞职的人不在少数。

尽管厂长比较看重精通技术、善于管理的小李，并委以重任，但小李制定的规章制度与决策在车间里却往往得不到执行。其原因就是厂长的亲戚根本不把他放在眼里。

小李和厂长就执行的事做了几次沟通，也没有什么效果，于是小李心灰意冷，睁一只眼闭一只眼地混日子。

小李在服装厂能有更好的前途吗？其实他还不如离开好。

4. 无能型

无能型领导一般都不能恰当地做好他所负责的工作。他在工作中的努力不是没有取得理想的效果就是花费了太多的时间。

通常，这样的人对自己的无能视而不见，并且对任何可能会显示自己缺陷的批评方式高度地敏感。他不认为自己应对工作中的问题负责，而是一有问题就迅速地指责别人。无能型上司的工作成果表明了他的能力和水平。

一位调查预测组的负责人由于缺乏必备的知识和能力而无法制定出合理的调查问卷，但他反而对别人根据规定的操作规程而制定出的调查问卷表示不满。这是无能型上司的一个典型例子。

无能的人似乎对自己的每个无能行为都有一个借口。这种防御方式是他们习惯无止境地为自己寻找借口的结果，敢作敢为的下属和很有能力的人经常被无能型上司视为一种威胁。这种不喜欢也许是因为害怕自己的无能被暴露于公众之前而引起的。这对你未来的发展，无疑是一个阻碍。

第二节　寻找最佳时期，该跳槽时就跳槽

跳槽可能会更有效地挖掘自身的潜力，使自己与职业和工作在动态的过程中更趋于协调。但这是建立在跳槽选择得对和时机恰当的基础上的，如果不能在最好的时期跳槽，那么一切只是空谈。

跳槽，选好时机步步高

在正确的时间做正确的事，跳槽就要选择最好的时机，这样才能越跳越高。

有一个年轻人很茫然地躺在石头上晒太阳。

这时一个怪物走过来："年轻人，你在做什么？"

"我在等待时机。"年轻人回答。

"你知道什么是时机吗？"怪物问。

年轻人摇了摇头。

"你跟我走吧，让我带你去做对你有益的事。"怪物说着要来拉年轻人，年轻人却不耐烦地拒绝了。

过了一会儿，一位白发老人走过来，对年轻人说："小伙子，你怎么不抓住它，它就是时机啊。"

年轻人后悔不迭，急忙站起身呼喊时机，但时机已转瞬即逝。

只有抓住时机，才能获得成功。跳槽也是如此，选择最佳时期，才能越跳越高，那么应该什么时候跳槽呢？

(1) 如果你觉得闭着眼睛都能工作时可以考虑跳槽。这可能表明你的能力已远远超越你的职位。你可以问自己几个问题：你仍然能够从工作中学到新的东西吗？想进一步提高你的专业技能吗？有无长远发展的机会？对企业的产品或服务是否关心？多数人不能从工作中学到东西时，都会感到疲惫无聊的。

(2) 无法接受现在的工作时不妨跳槽。工作感到痛苦，实际上这可能是自己工作表现不佳而又不愿正视这个问题而导致的。此时应该扪心自问：自己到底干得如何？你可以请老板对你的表现作一个评定，以确定自己是否仍符合他的要求；或者是请一位精明且诚实的同事（最好他的级别比你高）为你作一个非正式的评估。

如果你从哪一方面都得不到建设性的意见，不知为何自己的工作表现欠佳，可能就是到了该改变工作环境的时候了。

(3) 不喜欢现在的工作，对工作不感兴趣时要考虑跳槽。许多人选择职业多少有些偶然性，结果是虽然能够胜任这项工作，却不一定是自己真正的兴趣所在。几个小问题可以帮助你发现是否在从事自己喜欢的工作：如果你可重新选择，你还会选择同一职业吗？你是迫不及待地阅读你这一行的报刊，还是将它们扔到一边？你有兴趣阅读这一领域有名人物的自传吗？如果不是，你该考虑去见职业咨询顾问或参加求职测试或讲座了。

(4) 与上司长时间不合拍时要考虑跳槽。你如果表面上符合上级的期望，但心中却感到不快，这可能是因为你与上司为人处世的风格不同。一种较好的测试方法是：你在上司身边时感觉如何——是自在放松还是紧张不安？他提供的"帮助"是否更像是批评？是否他希望迅速答复而你总需要时间来反应？他对任务有明确的指示还是希望你能自己领会？你可向人事部门征求一些意见，然后再直接找你的上司，就如何沟通比较得体表达你的看法。如果感到"没什么希望"改观，那么你就可以考虑着手准备自己的求职简历了。

(5) 实在无法适应现在的工作环境时要考虑跳槽。你的同事都不能成为你要好的朋友。如果你拥有心直口快、活泼开朗的性格，而你的同事却是阴郁内敛的，这可能对你的心境会有不良的影响。如果想了解你是否与企业文化相适应，可以问问自己：当你与公司的人交往时是否觉得格格不入？你是否对引起他们兴趣的话题感到乏味和无聊？你在工作中是否感到有些不自在？如果是这样的话，你可能已陷入一个无法展现自己的环境。在找到适合你的工作环境之前，你是难以快乐起来的。

放长线钓大鱼

放长线钓大鱼，是一种以退为进的高级智慧。我们在对待自己的工作时不要贪图一时的小恩小惠，要放眼长远，不要急功近利，只有这样才算得上是一个聪明的人。

小杨是一名刚毕业的大学生，在校期间成绩优秀，发表过很多文章，也获得过很多奖项，曾担任学生会主席，领导能力超强。按理说这样一位优秀的人才应该能有一个好的工作角色和丰厚的薪酬，但事实并非如此，毕业后小杨受聘到一家文化公司上班，刚工作时，老总只让他从事最枯燥简单的校对工作，工资也只有几百块钱。周围的朋友都劝他别再做下去了，应该跳槽找一个薪水高的公司，但是小杨却认为这个公司发展前景很好，虽然现在得不到领导的赏识，但总有一天老总会发现自己的才能。果然，没到两个月，小杨凭借出色的才华和领导能力得到了领导的肯定。现在小杨成了公司的一把手。

从这个例子我们可以明白，跳槽切忌急功近利，要放长线钓大鱼。如果不如意就跳槽，那么就会错失良机。

因此当你觉得在工作中有度日如年的感受时，你该问问自己以下6个问题，是不是还有足够的理由留在目前这个岗位。

(1) 是否还有刚开始工作时的"激情"。递交辞职信之前，不妨再回想一下，当初为什么会爱上这个工作，应把造成目前不良状况的最坏因素排除出去。

(2) 你觉得自己会有远大的前程吗。也就是说，你觉得自己有可能被提升吗？或者，前面是不是一条死胡同？你的职业有时候如同你结交的异性朋友一样，你总想知道，有一天，自己能否得到一句天长地久的承诺，如果不能够得到，你就该抽身退出了。

微微曾是某广告公司的职员，她说："我在那个公司做了两年普通职员，后来我又找了另外一家公司，他们答应给我更高的职位。出于对前公司的留恋，我再次询问顶头上司，我是否有升迁的可能。头儿表示遗憾，说，恐怕还得等几年。我彻底失望了，没有再逗留。我想我做对了，我不该长期待在一个梦想无法实现的地方。"

(3) 你感到工作给你带来快乐吗？有些人因为性格内向，不愿意在众人面前讲话，每当身处人多的场合，都觉得是在受刑；还有的人对所从事的工作感到力不从心，为无形的压力所苦。其实有时候，一些小小的调整，往往就能改变刻板的工作节奏。

(4) 自己的工作是否被认可。

松松是某公司的业务咨询员，她已想不起来上司什么时候表扬过她了。"噢，当然，我时常听到他们埋怨我什么事办得不精明，或迟到了，或者有什么合同没办妥。"松松沮丧地说，"可我就希望听到积极的反馈，希望不止一次地听到。可是没有。我感到受挫，只想回家待着去。"

工作中的各种不顺心累积在一起，会演变成愤怒，有可能导致某天你在上司或同事面前狂风暴雨般地发作，这只能使自己处于更被动的境地。也许你对自己究竟在什么地方有欠缺并不十分清楚。所谓旁观者清，不妨约你的上司谈谈，向他倾诉你目前的感受，问问他，你如何做才能更好。你也许能从上司的言谈中弄明白你还能在这个行业中走多远。

(5) 你觉得自己不再忠实于本职工作了吗? 你怨恨目前的工作, 对它毫不关心。你目光看着别处, 给一些招聘广告回信, 到一些招聘咨询处打听消息, 接受面试。所有这一切, 说明你已开始背叛原先的工作。到了这一步, 还有没有挽回的余地呢?

其实, 即使你已经得到了新的工作, 在离开之前, 你也该设法问问你的上司, 他们是否愿意付给你更高一些的报酬来挽留你, 当然, 态度必须是诚恳、低调的, 切不可用张狂的口气要挟。你可以告诉他, 有人希望你到他们那儿去工作, 但你还拿不定主意, 不知道该不该接受; 毕竟自己对此地有些留恋, 不知道公司是否还有别的更好的机会给你等等。你很可能会得到最诚恳和衷心的挽留。

(6) 你还想边干边学吗? 面对一个无望的职业, 你可能不再关心能从工作中学到什么。而在一个令人倾心的工作中, 你会不断地认知学习和发展提高自己。当你停止学习时, 你就会裹足不前。

只有不断的进取才能促使人对自己的需要进行新的评价。也许适当的时候, 可要求进行某些行业培训。新的知识和认知能给人带来刺激, 使你在行业大军中不致落伍。

跳槽, 必须拿到 "金刚钻"

有些人跳槽越跳越高, 有些人却一次不如一次。同样是跳槽, 为什么会出现两种截然相反的结果呢?

跳槽是一门学问, 讲究技巧, 如果我们盲目跳槽, 那么结果可想而知。职场上, 只有让自己拿到 "金刚钻" 变得无可替代, 才可能成为领军人物。成为不可或缺的人才, 跳槽时才能一举获胜。

杰克是巴黎一家大酒店餐饮部的一名小厨师, 他看起来憨憨的, 谁都可以说他两句。老板认为杰克做不出一道像样的大菜, 所以把他安排在厨房当下手。

但他并没有因此而想换掉自己的工作，他认为自己的手艺的确还没有达到高水准，于是他利用平时空闲的时间钻研出一种甜点：将两个苹果的果肉放入一个苹果中，使这只苹果看起来显得特别丰满，而从外表上一点也看不出是由两个苹果拼成的，因为果核被巧妙地去掉了，所以吃起来特别香甜。

一次，这道甜点被一名贵夫人发现了，贵夫人是该酒店最重要的客人之一，她长期包租一套酒店里最昂贵的套房。她十分喜爱杰克的甜点，并接见了他。从此，贵夫人每次来酒店，都不会忘了点那道甜点，所以每次酒店裁员，不起眼的杰克总能平稳地度过。

从这个故事我们可以看出，只有让自己变得更强才能避免被裁掉的危险。其实，跳槽何尝不是如此呢？如果你什么也不会，没有一样拿得出手或者你没有比别人出色的东西，那么你凭什么和别人竞争呢，又怎能找到好的工作呢？所以我们应以高标准要求自己，只有让自己变得更加强大时才会越飞越高。

那么我们该怎么做呢？

1. 将一口井挖深

现在有些年轻人，虽然不乏才华，但心思太活。在这家公司才做一二年时间，就嫌不被领导重用、环境差、收入少等，跳槽到另一家公司。这样跳来跳去、频繁跳槽，今天做推销，明天做广告，后天做房地产经纪人……就像挖井一样，尽管挖了许多口井，但都挖得不够深，总是没有挖出水来。

所以，年轻人要懂得这样一个道理："要成功，就要将一口井挖深，实实在在地埋头苦干，才能闯出属于自己的一片天地。"

2. 精通你的专业

无论从事什么职业，都应该精通它。勤于钻研，下决心掌握自己职业领域的所有知识，就可以使自己变得比他人更具竞争力。如果你精通自己的全部业务，就能赢得器重，获得快速提升自己的绝佳途径。

当你精通自己的业务，成为你那个领域的专家时，你便具备了自己的优势。那么怎样才能"尽快"在本领域中成为"专家"呢？

首先，选定你的行业。你可以根据所学来选，如果你没有机会"学以致用"也没有关系，很多人所取得的成就与其在学校学的专业并没太大关系。

不过，与其根据学业来选，不如根据兴趣来定。不管根据什么来选，一旦选定了这个行业，最好不要轻易转行，因为这样会让你中断学习，影响效果。每一行都有苦有乐，因此你不必想得太多，关键是要把精力放在你的工作上。

其次，勤于钻研。行业选定之后，接下来要像海绵一样，广泛摄取、拼命吸收这一行业中的各种知识。

你可以向同事、主管、前辈请教，加班也没关系，这是一种学习。另外可以吸收各种报纸、杂志的信息。此外，专业进修班、讲座、研讨会也可以参加。也就是说，要在你所从事的这一行业中全方位地深入发展。

最后，确定目标。你可以把自己的学习分成几个阶段，并限定在一定的时间内完成。这是一种压迫式学习法，可迫使自己向前进步，也可改变自己的习惯，训练自己的意志。然后，你可以开始展示自己学习的成果，你不必急于"功成名就"，但一段时间之后，假若你学有所成，并在自己的工作中表现出来，你必然会受到老板的注意。

当你成为专家后，你的身价必会水涨船高，也用不着你去自抬身价，而这正是你"赚大钱"的基本条件。只要有"专家"的条件，人人都会看重你，何愁跳槽不成功。

3. 拥有跳槽资本

要想成功跳槽，拥有跳槽资本很重要，一般而言，以下几项都是跳槽的资本：

(1)学历。收入的差别随着学历的增长而增高，据调查，每多接受一年的教育，平均年薪就会增加8.3%(MBA除外)。拥有较高的教育程度，良好的实际工作能力的人通常会获得比较优厚的薪酬。

(2)经验。随着年龄和工作经验的增长，薪资水平也会递增。《财经》杂志进行过一项调查，其中销售人员的调查结果是：有2年经验的销售部主管年总薪金平均是3.27万元，而有13年经验的平均达到7.18万元。

(3) 外语水平。调查显示，外语能力越高，其薪资的竞争力也就越强。外语能力"熟练"者平均年薪比"中等"者年薪多出很多。

(4) 个人整体素质。一项针对高收入外企白领的调查显示：高学历并不完全等同于高收入，优秀的个人素质才是获得高薪的关键因素。目前高薪收入者大多具有良好的人际关系处理能力，敬业精神和不断学习的能力等基本素质。

如果你要想成功跳槽，那么就首先拿到"金刚钻"吧，这样你才能变得无可替代，才能越跳越高。

第三节　跳槽成功始于行动之前

　　跳槽是把双刃剑，跳好了就可以登上成功的快车，找到事业发展的平台，否则只会浪费时间和精力却于事无补。那么如何跳槽才能提高成功率呢？

对面的景色不一定很美

　　许多年轻人总认为自己现在的工作不好，觉得周围的人都比自己强。所以他们总想着跳槽，事实上每一份工作都有它好的一面与不好的一面，跳槽不一定就能让你觉得满意。

　　下面就让我们看看这个小故事。

　　从前，有两只老鼠，它们是好朋友。一只老鼠居住在乡村，另一只住在城里。很多年以后，乡下老鼠碰到城里老鼠，它说："你一定要来我乡下的家看看。"于是，城里老鼠就去了。乡下老鼠领着它到了一块田地上它自己的家里。它把所有最精美食物都找出来给城里老鼠。城里老鼠说："这东西不好吃，你的家也不好，你为什么住在田野的地洞里呢？你应该搬到城里去住，你能住上用石头造的漂亮房子，还会吃上美味佳肴，你应该到我城里的家看看。"

　　乡下老鼠听了非常美慕，天天盼望着去城里。终于，乡下老鼠来到了城里，就到城里老鼠的家去。房子十分漂亮，好吃的东西也为它们摆好了。可是正当它们要开始吃的时候，听见很大的一阵响声，城里的老鼠叫喊起来："快跑！快跑！猫来了！"它们飞快地跑开躲藏起来。

过了一会儿，它们出来了，正准备要吃时，又听到脚步声，城里的老鼠大喊："快跑！快跑！主人来了！"于是它们又飞快地躲了起来。

当它们再次出来时，乡下老鼠说："我认为与其这样紧张兮兮地吃好吃的，住大房子，还不如回到我的小木屋啃番薯，吃玉米，那样更悠闲自在些。"

因此，乡下老鼠背起行囊告别了城市老鼠，踏上了归途。

故事虽小，但它告诉我们一个道理，那就是：对面的景色不一定很美。工作也是这样，所以如果你认为自己目前的工作不好，想要跳槽时就要考虑：下一个工作就一定会比现在的工作好吗？

即将步入而立之年的罗毅在求学路上可谓是步步高升。先是念了电子专业的专科，专科毕业后读了电子成教本科，同时还自学了工商管理的本科。可以说，在学业上罗毅的付出得到了很好的回报。可是与她一帆风顺的求学之路相反，她的职业却总在低水平徘徊。

大专毕业后，罗毅先到一个日资电子工程公司做了一年的绘图员。这种独坐小隔间、埋头苦干、十天半月不跟人打交道的工作让罗毅苦不堪言。再加上公司本身规模不大，前景也不是很好，于是一年不到，她就跳槽到了另一个规模稍大的日资电子企业，由于专业背景和之前的工作经历，罗毅刚进去的时候只能重操旧业。但是罗毅对这类技术员的前景并不看好，因为虽然他们顶着工程师的头衔，但实际上工作的技术含量并不高，因此也很难做出什么成绩。她的很多前辈在一个职位上一待好几年，除了薪水稍微有所长进之外，其他的一成不变。

罗毅的经历告诉我们，跳槽要慎重，不能盲目，否则只会在原地踏步，甚至还会不如以前。

有些年轻人心浮气躁，对待跳槽比较随便。还有年轻人他们的工作本来很不错，但他们身在福中不知福，总觉得自己的工作不好、没有前景，所以一心要跳槽，不顾别人的劝告和建议。

为了寻觅更好的工作而跳槽，这固然是一个不错的想法。但是跳槽时如果盲目不考虑后果，那么最后后悔的还是自己。下面再让我们看看这个故事：

有两个男人都病得很重，他们住在同一病房内。有一个男人只被允许在每个下午坐一个小时，在他的床边有一扇病房里仅有的窗。另一个男人则必须长期躺在病床上。他们总是聊很多，聊他们的妻子和家庭，聊工作，聊他们的事业，聊他们曾去哪儿度假。每个下午，靠窗的男人有机会坐着时就花很多时间来叙述窗外的样子给他的室友听。

另外的那个男人因为这一个小时的叙述而振作了起来，窗外多姿多彩的生活让他内心的小小世界也因此变大且有朝气。窗外有个公园及一个可爱的湖，当孩子们划船过湖面时，水鸟和天鹅也在湖里玩耍。年轻的情侣们手挽着手走在缤纷灿烂的花丛中，巨大的树木们使得景色更显优美，远远地还能看到映在蓝天下的城市。

当靠窗的男人很用心的叙述风景时，靠房间另一边的男人就闭上眼睛去想象这美丽的景象。

一个温暖的午后，靠窗的男人在叙述经过的游行队伍，虽然另一个男人听不到乐队的声音，他仍能用他的心去感受，感受在窗边的室友所描述的一切。

想不到，一个坏的念头浮现在他的脑海里：为什么只有那个男人可以体验这些令人愉快的事？为什么我就不能看到这些呢？这并不公平。刚开始他还会觉得可耻，怎么有这样的想法，几天过去了，他更加想要看更多的景象。他开始沉思并注意到自己已无法入睡，他应该靠窗的——这个想法控制着他。

一天晚上，他躺在床上并盯着天花板。靠窗的男人开始咳嗽，他无法呼吸因为严重的肺积水。而他只是在黑暗中看着那个人在挣扎着、摸索着找求救铃。他听着隔壁的动静自己并不动，也不按他自己的求救铃找护士来，过了 5 分钟，咳嗽及喘气声停止了，最后只听得到一个人的呼吸声，只剩一片死寂。

隔天早上，护士发现靠窗的男人死了。另一个男人觉得机会来了，问护士是否可以搬到窗边，护士将他的位子换过来。他喜出望外，靠着一边的手肘撑起身体，想要看看外面的世界，但他看到的只有一面墙。

处心积虑地换到了窗口的床位，目的达到了，但却没有原本想象的景色。跳槽也是如此，对面的景色不一定很美，如果为了跳槽不顾一切，那么无疑会让自己失望。所以我们要正确对待跳槽，切忌盲目。

跳槽并非免费午餐

跳槽不仅仅是换一份工作而已，跳一次槽要让自己损失很多。所以如果你决定跳槽，就要核算一下跳槽成本，看看值不值得你这样去做。

邱某在北京一家著名的软件公司工作，他的理想是进入上海的一家世界 500 强企业。由于当初怕进不了那家企业，他才进了现在这家公司，但他厌倦了目前的工作，还是想去上海这家公司应聘，但仍然怕进不了那家公司，又找不到像现在这家一样好的公司，所以他犹豫不决，征求朋友小李的意见。

小李坦率地说回答不了他的这种问题。但是，小李先请他回答这样一个问题："跳槽是有成本的，它包含时间上的和金钱上的，有形的和无形的。作为一个成年人，你计算过自己跳槽的成本吗？"

邱某说："我知道会有必要的损失，但没有细算过跳槽的成本，因为我认为它可以忽略不计。"

"既然没有细算，你怎么知道跳槽的成本可以忽略不计？"小李反问他。

邸某沉默不语。

"跳槽并不见得是件坏事，但在你没有仔细核算好跳槽的成本之前，我劝你暂时不要跳槽。"

邸某点点头，沉默了许久以后对小李说，他要在做好自己的职业规划之后，再作决策。

很多年轻人大学毕业后就进入职场，其中绝大部分的人碌碌无为一辈子，只有很少的人会到达自己理想的彼岸。这是为什么？

从某种程度上来讲，现代职场比大海多更多的暗礁和漩涡，更容易使人迷失方向。如果你不知道自己到底想要什么和自己能做什么，总觉得自己眼前只是沙漠，你需要去寻找新的绿洲，那么，对于你来说，在沙漠的另一边可能还是沙漠。

因此，像邸某这种情况不应急于跳槽。也许，你现在的这个公司，的确与当初想象的不一样，但是，当初决定到这家公司来上班，毕竟是你自己的选择，吃后悔药是没有用的。如果你在心里老是这么想："哎呀，当初我就不该来这个公司！""其实，我真正想去的是某某公司。"那么，不利于自己，也不利你现在的单位。由于屈从于就业压力，没有找到理想的工作，如果心里总是拘泥于过去，除了影响你现在的工作和生活，没有任何益处。

从现在起，就要确定你的目标航向，好好问问自己："我到底喜欢什么样的工作？我到底能做好什么工作？"

当然，对于职场新人来说，工作并不一定要从一而终。每个人对自己喜欢和擅长的工作都有一个认识的过程，所以，也应该有选择的过程。但是，在没有做好自己的职业规划之前，跳槽就相当于中途返航，一遍遍地修改自己的目的地和航线。这样，你就浪费了许多宝贵的时间和精力。而宝贵的时间一旦失去了，就一去不复返。你频繁跳槽，在不知不觉中养成了这种习惯，你的心态就会变得越来越浮躁。几年过去之后，回头望望，自己实际上还是在原地踏步。

如果你经过深思熟虑，确实认为现在这份工作不合适你，最现实的办法是，在接受现实的前提下，慢慢地向自己的目标靠拢，而不是马上跳槽，更不是抱怨。世界是多面的，很多东西也是关联的，你完全可以融会贯通。

也许，你周围有些人跳槽后工资高了，但由于过去的资源利用率低，又要从零开始寻找机会，没有积累，也没有进步，这样你会觉得自己是在重复地做同一件再熟悉不过的事情。对于职场新人来说，工资高低是一个方面，更重要的是看学习的机会和成长的空间。

也许你会觉得自己能力强，走到哪里老板都会用你，甚至还会给你加薪水，但如果老板知道你不忠诚企业，你的本事不会真正属于企业，企业也不会对你忠诚，不会真正重用你，不会给你机会，一些比较核心的工作也不会交给你去做，在培训和福利方面也总把你排在后面。这时，你将永远处在"打工仔"这个阶层。

有些人之所以想跳槽，是因为他们总觉得老板将自己随便安排在一个岗位上，是在浪费人才。其实，公司作为一个以盈利为目的的组织，在调配最重要的人力资源的时候，一般不会胡乱行事，让你去做你不擅长或不适合的事。既然公司把你招进来了，就说明你是个人才，他们对分配给你的工作也寄予了希望。所以，如果他们分配给你的工作与你当初想象的不一样，这也许是他们发现了你自己原来没有意识到的特长。如果你抱着学习的态度，向周围的同事学习，珍惜自己拥有的一切，在自己的工作岗位上恪尽职守，对你来说，这也许是个新的机会。而如果你没耐心选择了跳槽，那么你损失的就可能是一个绝好的晋升机会。

寻觅跳槽目标公司

如果你想让自己越跳越高，要想"跳"得成功，找准"落地点"是十分重要的。也就是说，事先一定要选准目标公司。

法国自然科学家约翰亨利·法伯曾利用毛虫做过一次不寻常的试验。这些毛虫盲目地跟随前面的毛虫走，因此有了游行毛虫的名称。法伯很小心地安排毛虫们绕着花瓶的边缘围成一个圆圈，花瓶中央放了一些游行毛虫的食物。毛虫开始绕着花瓶游行，它们一圈又一圈地走，一小时又一小时地过去了，一连走了7天7夜。它们一直绕着花瓶团团转，最后都因饥饿与精疲力竭而死去。在不到15厘米的地方就有食物等着它们，而它们却饿死了。

这一试验告诉我们，做事不要像游行毛虫那样盲目，心中要有明确的目标，否则将一事无成。跳槽也是这个道理，要做到冷静地跳，理智地跳，有目的地跳，这才是跳槽成功的前提与关键。否则，不择目标地跳，感情用事地跳，随大流地跳，只会越跳越糟。跳槽冷静、理智，就是要慎重考虑跳槽原因和动机，还要为自己选择下一个目标，不能没有准备就盲目离开原公司。

由于个人的条件不同，跳槽的原因各异，目标的选择自然有别。有人跳槽的目的是求发展，因此他希望找到一个有趣味的工作，一个富于挑战性的工作，一个有成长机会和发展机会的工作。有人跳槽的目的是寻求舒适安逸的生活，那么他就希望找一个工作条件较好、待遇也不差的单位。有的人认为工作条件是最重要的，而另外一些人却并不这么认为。还有人因为上有老下有小，为了更好地照顾家庭，非常重视工作地点离家的远近，而另外一些人则不认为地点的远近有那么重要。

再如升迁机会，可当作重要条件，也可作为次要的条件。也许你的价值观里对职务的高低看得很轻，或许你现在生活得很自在，只需要一个喜欢的工作，因此对是否有提升的机会根本不介意。

同样，工作环境的重要性也是因人而异的。有些人认为在一个单位，同事之间和睦相处，和谐融洽的环境很重要，而有些人则认为"修行在个人"。

总之，要根据自己的具体情况和动机选好跳槽目标，在选择时要注意以下两个问题：

(1)在选择具体目标时考虑因素不要太单一。也就是说，不要只考虑一个因素，而要把导致你跳槽的主要因素，同其他次要因素结合在一起考虑。例如，跳槽以后的职业与专业是否是你期待已久的感兴趣的工作；企业的现状与前景是否乐观；职位是否有升降；待遇是否让你满意等等。只有分清主次，并全方位地考虑问题，才能更客观地权衡利弊得失，做出正确的目标选择。

(2) 寻觅理想的目标。跳槽最理想的目标，是你熟悉或相关、相似的工作。因此跳槽时应注意优先考虑你的职业专长。因为这会给你今后的工作提供很多方便，有利于你在前进的道路上取得更大的成功。

当然，如果你希望能有新事物进入自己的视野和生活领域，感受一下异样的生活气息，挖掘一下自己的潜能，到一个新地域换一种"活法"，改变一下自己，让自己其他方面的潜在能量表现出来，这对自己的职业发展也不无益处。但这也需要承担一定的风险。

北方某市政府的一位副秘书长，辞职到郊区办了一所科工贸结合的镇办工厂。自摘"乌纱"，告别"皇粮"，显示了相当的胆识和勇气。像这样的跳槽，也算换了一种"活法"。

如果你尚无足够的实力和条件来为自己安排一个新的岗位，而是为了跳槽找工作，那就要三思而行了。因为你丢了专长，就意味着失去你的优势。你看中的工作，用人单位不一定就能看上你。他们很可能认为你不是这方面的专业人才，不能胜任工作，或认为你不是此工作的最佳人选，不录用你或把你淘汰。因此，年轻人寻找理想目标更需慎重。

第 **5** 个决定
成功创业，从哪里开始

第一节 "内外兼修"，做好创业准备

创业成功，能让我们按自己的节奏工作，能让我们得到财富和威望，能体会到为他人提供就业机会的自豪感。但成功创业者毕竟是少数，更多的人还只是有一个"饭碗"而已。那么，我们该怎么做才能够幸运地成为那少数的成功者呢？

辞职创业，你准备好了吗

创业好比一次朝圣，途中会经历高山大川，沼泽沙漠，要想到达目的地，必须历经磨难，必须有足够的准备。

有个人和几个朋友去海滨旅行，行程中有钓鱼这项安排，于是几个朋友一起去购买钓具。商场里，这个人坚持要买一根重型的鱼竿和线轴。朋友们开玩笑说道："你是打算钓一条鲸鱼吧？"

他笑一笑，并不理会这些会打击他信心的玩笑。

他们来到了海滨，不一会儿其中一个人的鱼竿就被挣断了，那人抱怨自己没有准备重型的钓具。

很快地，他的线被拉紧了，是一条大鱼！半个小时后，他把战利品拖上了船，一条14千克重的大家伙！

人们肃然起敬，因为他向他们阐明了一个道理：如果你想钓一条大鱼，那你就要先准备好钓大鱼的工具。

只有准备好重型的鱼竿和线轴，才能钓到大鱼，创业也是如此，必须做好充分的准备，才能开始创业、成功创业。

有一些年轻人，他们对创业充满了幻想，认为创业是件容易的事情，甚至毅然辞去正在从事的工作，投入到创业的浪潮中，但是由于没有足够的准备，最后只能是空手而归。创业需要充分准备，贸然辞职创业只会以失败告终。那么创业前应该做好哪些准备呢？

1. 创业要有目标

有些年轻人盲目创业，他们不知道自己的创业目标，不知道自己想要达到一个什么样的目标。

前面我们讲到了 3 只青蛙的故事，从中我们知道正是因为有明确的目标"要找到垫脚的东西，跳出这可怕的桶"，第三只青蛙才挽救了自己的生命。创业也需要有明确的目标，唯有这样，才能让自己更清楚下一步要做什么，怎么做。

2. 创业要做好心理准备

创业之初，要做好充足的心理准备，将困难假设得多一些，看清楚创业路上的种种曲折磨难，这样才能做到战无不胜。要做好心理准备，就必须意识到以下两点：

(1) 创业是持久的过程，不可能一蹴而就。我们知道通常一个人要在母体内待上 10 个月才能出生，一本书要经历无数环节才能出版。创业也是这个道理，创业就像是马拉松，是一个持久而漫长的过程，任何想快战快捷的想法都是不切实际的。

(2) 创业初期是艰辛的，我们必须清楚地意识到这一点。

陈金飞的第一间办公室在京郊某乡一个猪圈的后面。当时，他们把大通装饰厂建在那儿，房子盖得很随意，根本没有设计图纸。房子的每扇窗户都不一样大，因为窗户是从外面捡来的。就这样他们盖起了车间和办公室。办公桌是一个捡来的 40 厘米高的圆台，他们又找了一块木头钉了 6

个离地面只有20厘米高的小板凳，最奢侈的家具是一把捡来的老式竹椅。在这里他们接待了工商局的同志、税务局的同志和对他们企业感兴趣的许多客人，其中还包括外商。

没钱买设备，他们就买钢材，边学边干，做出了台板印花机。创业初期，所有的一切都是他们用双手自己干出来的。

厂房设备齐全了，最大的问题是没有生意，他和工人都处于集体失业状态。当时陈金飞心里真着急，天天骑着自行车到处找活儿。那时可没少受委屈，很多客户一看他们都是年轻人，又是私营，客气的人不理他们，不客气的人干脆把他们轰出来。那种屈辱的感觉不亲身经历是无法知道的。但他们已经做好了心理准备，所以他们很快调整了心态并坚持了下来。终于他们做成了第一笔生意并取得了最后的成功。

试想一下，如果陈金飞创业前没有做好创业之艰辛的心理准备，那么他们在遇到困难时还能否很快调整自己的心态，进入到下一个阶段中去呢？

创业是艰难的，创业初期更是如此，所以我们要有充分的准备。

3. 创业要有一定的知识储备

也许有很多年轻人认为，创业只要有资金，找好项目就可以，其实未必如此。创业的确需要资金，离不开创业项目，但如果没有一定的知识储备也是不可能成功的。

那么，一个人要想成功创业，需要了解哪方面的基本知识呢？

(1) 专业、商业知识。要想创业，就要有生产产品和提供某项服务的专业知识，还应有投资理财知识。现在的年轻人作为高知识人群，对专业技术有一定的了解，而且有些人在专业领域有深入的研究，但相对缺乏商业方面的知识。创业的最佳优势组合，是工程师的技能加上商人的头脑，实现资源最优化。如果从未经过商，就得学点商业知识、经营之道和技巧。没有丰富的商业知识和经营之道，就难以把握商机，甚至开展不了业务。如不懂商品成本、利润、批发、零售等基本知识，就无法做好经营销售业务。

创业者应具备的专业、商业知识主要有：创业项目所涉及的专业知识；

市场预测与调查知识；定价知识和策略；产品知识；销售渠道和方式知识；批发、零售知识；产品质量和有关计量知识；货物运输、保管、贮存知识等。

(2) 工商、税务知识。没有工商税务知识，就无法办理各种经营手续，难以做到合法经营，依法纳税。工商方面主要是企业登记、年审的知识，包括有关私营及合伙企业、有限公司的组织形式；办理验资的方法；申请开业登记的程序；需要办理经营许可的行业及其手续；企业年审的规定等。税务方面主要是办理税务登记、纳税、领购和使用发票等方面知识。

(3) 金融知识。金融意识的强弱，所掌握金融知识的多少，是衡量一个企业、一个创业者是否适应现代市场经济的重要标志。创业需要融资，要通过各种方式到金融市场上筹措资金。从现代经济发展的状况看，创业者需要比以往任何时候都更加深刻全面地了解金融知识、金融机构、金融市场，因为企业的发展离不开金融的支持，融资是企业经营的重要手段。创业者应该了解融资的渠道、融资的方式、融资的环境以及融资风险防范等方面的知识。具体应懂得银行开户程序和有关结算规定，信用及资金筹措，资金核算及记账，证券、信托及投资知识，财务会计基本知识，保险基本知识等。

(4) 市场经济法律知识。市场经济从某种意义上讲就是法制经济，创业、投资离不开法律的引导、保障和规范，21 世纪的中国市场经济体制将在经济杠杆和法律调整中日趋完善。因此，创业者必须深谙市场经济法律法规，主要是企业设立、企业经营管理方面的法律。如我国企业立法已经不再延续按企业所有制立法的旧模式，而是按企业组织形式分别立法，根据《民法通则》、《公司法》、《合伙企业法》、《个人独资企业法》等法律的规定，企业的组织形式可以是股份有限公司、有限责任公司、合伙企业、个人独资企业。了解有关规定，才能确定企业的组织形式，按照规定条件和程序办理企业设立登记。为依法经营、依法维护企业的合法权益，还应了解《合同法》、《担保法》、《票据法》、《商标法》、《消费者权益保护法》等基本民商事法律以及行业管理的法律法规。

(5) 企业经营管理知识。创业者了解掌握企业经营管理知识，有利于运用科学的思想、组织、方法和手段，对企业生产经营活动进行有效的管理，提高经济效益。首先，要树立符合现代企业经济功能赋予的经营观念，如战略观念、市场观念、用户观念、效益观念、竞争观念和创新观念等。其次，要了解企业经营管理组织方面的知识，包括管理体制、生产组织形式、组织结构等。再次，要了解和掌握企业经营管理方法，包括经济规律所制约的管理方法、反映生产组织和生产技术规律的管理方法、反映有关人的活动规律的管理方法、反映行政和政治工作规律的管理方法等。最后，要了解和掌握现代的企业经营管理手段。

"机会偏爱有准备的人"，如果你做好了上述的创业准备，那么你就赢取了创业制胜的机会。

创业素质，你具备了吗

创业成功可让我们名利双收，也正因为这样的诱惑，让很多人不顾一切地投身于创业的热潮中。其实，创业并非想象中的那么容易，创业需要我们具备心理、健康等方面的特质。创业因人而异，并非人人都适合创业，下面让我们看看这个小故事。

池塘边有两只青蛙，一天，小青蛙对老青蛙说："我刚才碰到了一头可怕的大怪物。大得像一座山，它头上长了两只角，后面还有一条长毛的尾巴，它的蹄分成两只脚趾。"

"呸！呸！"老青蛙露出不屑的神气，"小孩子少见多怪。那不过是一头普通的牛而已，有什么稀奇？它或许比我长得高一点，但我不费吹灰之力，就可以变得它那样大。你看着吧。"于是它鼓气，把肚皮鼓胀起来。

"是不是这样大？"它问小青蛙。

"不，那东西大得多呢。"

于是老青蛙再深深吸一口气鼓起来，然后再问小青蛙那头牛有没有这么大。

小青蛙摇摇头。

于是老青蛙再三吸气，用尽了力试图把肚子鼓得又大又实。最后，胀破了自己的肚皮。

这个故事说明：一味效仿别人做自己不适合的事情，不仅达不到预期的效果，还会给自己带来不幸。创业也是如此，不能人云亦云。要结合自身的实际情况，看看自己是否适合创业。

据美国一项调查显示，创业成功者具有以下几种明显特质：

(1) 自愿降低消费水准，辛勤工作、严于自律、乐于牺牲。

(2) 他们通常过着有利于财富积累的生活，善于将时间、金钱做高效率分配，以利财产积累。

(3) 他们有强迫性储蓄与投资习惯，靠自己的力量积累财富，他们相信财富稳定比炫耀地位更重要。

(4) 未接受父母资助；他们通常从商，可能经营一家小工厂、连锁店或从事服务业。

(5) 他们一直住在同一个地方，并且通常是住在邻居都比他们穷得多的地方；子女长大后经济独立；而他们结婚一次便可白头到老。

(6) 善于把握市场契机。

(7) 选对职业。

由此我们可以得出，一个人适不适合创业，是有标准可循的。只有具备了这些标准，才能让创业变得容易，才能在创业的道路上走得更远。这些标准具体指以下几方面：

(1) 有远景。真正的创业家，可以看出一般人没注意到的趋势和机会。一个新产品的问世，一项新技术的发明，一个新的商业机会，都会引起他的关注和兴趣。他必须具有这种善于发现、善于挖掘的能力。优秀的创业家，都拥有一双敏锐的眼睛。

(2) 勇于将梦想付诸行动。"创业家"和"做白日梦者"之间最大的差别是行动。风险是人人惧怕的，惰性也不会只在某些人身上独存，之所以有人能创业成功，就在于他能勇敢地走出第一步，能把想法变成现实。勇于行动，是创业者身上最可贵的素质。

(3) 勇于突破现状，持续创新。创业维艰，守成也不易，在创业后为使公司能通过市场不同阶段的考验，创业者要时时勇于突破现状，持续创新。创新可为公司赚取利润，每一次突破对公司的长久经营，都是一次重要的磨炼。成功是一步步积累起来的，而不断地创新，就是不断地向成功靠近。

(4) 勇于投入，不怕资金大量付出。创业家为了实现自己的构想，可能会赌上自己的房子、父母的退休金、太太的嫁妆，他不会用收入来衡量自己的成就；相反，对他们来说，时间就是金钱。他们希望能够把握时机，尽快实现梦想。因此，他们通常非常勇于投入可以抓到的所有资源。而有人总是在关口上为自己留一条后路，其实这样往往会坐失良机，反而使自己陷入财政危机。

(5) 定义属于自己的成功。创业者无法像一般的上班族那样，按照职位及薪水衡量自己成功与否。因为创业者通常能忽视世俗的眼光，对未来充满信心与斗志，喜欢奋斗、战胜挑战的感觉。当创业者赚得了一分钱，往往会进一步投入两分。对他们来说，获得金钱可能不是最大的收获，那种自我实现、证明自己正确的感觉，才是最大的报酬。他们喜欢迎接挑战，即使处处碰壁，历经生命的低潮，他们可能仍然两眼发亮，而且坚定地相信成功就在前面不远的转角处。

(6) 永葆一颗进取的心。要想创业必须先有一颗进取的心，只有进取才能在创业的途中越走越顺。

日本三洋电机的创办人井植岁男，成功地把企业越做越大。有一天，他家的园艺师傅对他说："社长先生，我看您的事业越做越大，而我却像树上的蝉，一生都在树干上，太没有出息了。您教我一点创业的秘诀吧。"

井植点点头说："行，我看你比较适合园艺工作，这样吧，在我工厂旁有2万平方米空地，我们合作来种树苗吧。一棵树苗要多少钱呢？"

"40元。"

井植又说："好！以1平方米种两棵计算，两万平方米可种植4万棵，树苗的成本是160万元。3年后，一棵树可以卖多少钱呢？"

"大约300元。"

"160万元的树苗成本与肥料费由我来付，你负责除草与施肥工作，3年后利润我们每人一半。"

听到这里，园艺师傅却拒绝说："哇，我可不敢做那么大的生意。"

最后，他还是在井植家中栽种树苗，按月拿取工资，白白失去了一个致富良机。

没有进取的心，永远不可能有创业的良机，这样的人注定要替别人工作一辈子，而且一辈子也不会出色。

找准关键，全力以赴

创业不是容易的，它需要有足够的勇气，战胜困难的决心，独到的眼光……更重要的是要找准关键，全力以赴，才能创造属于自己的那片天地。

所谓找准关键，就是要求我们在创业之初就要制订创业计划，选择创业项目，抓住机遇，走向成功。

1. 制订创业计划

创业计划就是创业者计划创立的业务的书面概要，它为业务的发展提供了指示图，并成为衡量业务进展情况的标准。

计划是对创业经营目标和行动方案的说明，是创业者的行动依据，可以防止小企业者出现决策上的失误，以此提高经济效益。好的计划又是企业筹集资金的重要手段。同时，为了确保所选项目取得满意和长远的效益，创业者必须从实际出发，在分析的基础上，通过认真思考制订出一个实现目标、取得最终绩效的整体计划。

那么如何制订创业计划呢?

(1)机会估量。机会估量是在调查研究的基础上对创业所面临的问题和机会，对获得成功的内外条件以及可能性进行深入分析和估计。包括的内容有：初步分析未来可能出现的变化和预示的机会；形成判断；分析自身的长处、短处和所处地位；列举主要的不肯定因素发生的可能和影响程度；了解自己利用机会的能力、可能达到的效果等。

(2) 确定目标。根据机会分析判断，确定企业未来目标，包括总体目标、目标分解、目标结构和重点分析。

(3) 确定前提条件。计划的前提条件，亦即计划的假设条件，是创业计划实施时的预期环境。创业计划编制前，只有预测和确定可能影响企业的未来，影响计划实施的各种环境条件因素，才能为编制计划奠定可靠的基础，才能由此出发制定创业的行动方案。

(4) 拟订供选择的各种方案。拟订的方案应该尽可能完整，尽可能做到不遗漏，能涵盖各种情况，并且各方案之间要相互排斥，不重复包含，所以拟订方案时要思路开阔、大胆创新、发扬民主。

(5) 评价和选择方案。要依据前提条件和创业目标，对各种方案进行可行性研究，客观分析各种方案实施过程中可能出现的利弊。然后进行价值判断，综合比较、权衡，从中选出最满意的方案作为计划草案。这一步骤是制订计划的最关键的一步，直接决定计划的性质以及将对未来产生什么作用。

2. 选择创业项目

创业项目不是一种特定的事物，而是千姿百态、丰富多彩的事业。这个项目可以是有形的，也可以是无形的；可以是一种物品，也可以是一种服务。它是创业者的事业所在。只有选择好了创业项目，其他工作才能依次进行。选择好的创业项目，实质是找对创业的突破口。正确的抉择既有赖于创业者对当今社会各行业的特点、各自利弊做客观的分析，又需要创业者有自知之明、认知自己。突破口选对了才不会误入歧途。

选择创业项目的成功与否，取决于选择的方法是否正确。对于创业项目的选择，创业者可从主、客观两个方面考虑，做出最佳选择。

从主观方面考虑可从以下 3 个方面入手选择创业项目：

(1) 从创业者的兴趣入手。兴趣是一个人的认识和实践行为的导向，同时也影响着人的知识结构和能力专长。如果一个人对自己所确定的项目或行业无任何兴趣，他就不会对此倾注自己的全部心血，更不会引导自己的特长向此方面发展，也不会以坚忍的意志控制自己的行为在此方面不断的努力，更不会取得最终的、最好的结果。所以，创业者在选择自己的创业项目时应首先考虑和选择那些自己最感兴趣的、最适合自己的创业项目。

(2) 从创业者自身的性格、专长入手。创业者在考虑项目选择时首先要考虑自己的兴趣，但又不能仅仅依赖于自己的兴趣，如凭一时的热情和心血来潮来做选择也可能导致失败。因为，兴趣是一种心理冲动，变化比较大，而一个人的性格和能力专长则是后天养成的一种比较稳定的习惯和技能，是完成某一项目的最基本的主观条件。因此创业者在选择创业项目时，应注意选择那些和自己的性格、能力与专长相同或相近的项目。

(3) 听取专家的意见和建议。一个人的认识和实践的范围与深度是有限的，同时人们对自己的认识也往往不够客观、正确。所以，创业者在自身不能抉择的情况下可广泛听取专家，如心理学家、调查专家、行业专业技术人员、行业分析专家、财务专家等的意见来做出相应的选择。

从客观方面考虑可从以下方面入手选择创业项目：

(1) 从科学的发展趋势和社会的需要入手。科学的发展现状与趋势，不仅决定着创业项目成功与否，更决定着创业项目的发展前景和生命力。更是创业项目的来源，左右着创业者的兴趣。所以，创业者在选择项目时，要在对科学发展和对社会需要的分析、预测的基础上，选择那些具有一定的科学前提，符合科学发展趋势，社会需要强烈，而且需要量较大的项目。

(2) 从行业或科学技术等交叉处入手。现在的行业和科学技术发展处于一个大调整、大融合的时代。交叉行业、边缘科学等发展迅猛，从行业、科学、技术等交叉点和中间点入手，往往会产生和发掘出新的行业或科学技术项目，更能有效地减轻或回避相应的竞争压力，迅速取得成功。

(3) 从社会上现存的、亟待解决但又没有解决或未完全解决的问题入手。这类问题的类型多种多样，既包括行业的开发和经营问题，也包括一定的科学与技术难题等。如果创业者能够在了解所处行业的基础上，结合自己的能力专长予以解决，将会开拓出一个新的或具有远大发展前途的领域，为自己铺设一条广阔的成功之路。

(4) 从他人成功的经验或失败的教训的研究和总结入手。中国有句名言，叫做"他山之石，可以攻玉"。他人从事的行业或所选择的项目虽然与我们有所不同，就其做事的机制、处事的行为方式、思维方式等方面也有我们可借鉴之处，特别从别人成功的经验学习、借鉴或其失败的原因等方面分析入手，都能很快地给我们寻找新的创业项目开辟一条捷径。

3. 抓住创业时机

好的开始是成功的一半。机会往往是人生的转折点，是新的生活的开始，只有利用好时机，距离成功才不会遥远。

小老虎强强年纪不大，却是个捕食能手。它猎羊抓鹿，十分能干。

一次，强强来到山腰，见有两只鹿正在那里拼命厮打着。它们时而互相猛扑，时而互相咬住脖颈不放。

强强正要上前抓其中一只，与它同行的虎妈妈连忙拉住它，说："且慢！"

强强说："还等什么？现在两只鹿正在厮打，我乘它们不备咬住一只。不然的话，这两只鹿一会儿平静下来，重新和好，我不一定能不能对付得了它们呢。"

虎妈妈说："最好的时机还没到。你想，两只鹿真的动怒拼打，弱些的肯定会被杀死，而强些的那只鹿也会受伤。等到它们死的死，伤的伤，你再行动，这两只鹿就都属于你了。"

小老虎恍然大悟。原来虎妈妈告诉强强的是一只鹿需付出咬死一只鹿的代价，他们却不费力气杀死两只鹿，这是一个等待时机，抓住时机的道理。这真是一个好主意！

时机是创业的关键，只有在正确的时间做出正确的决定，才能使创业者走向成功。

第二节　创业起步，点燃激情岁月

"创业是为了做一番事业，体现自我价值"是句套话，其实创业的目的就是为了赚钱，为了赚取一桶又一桶的黄金。那么如何才能施展你的抱负，达到赚钱的目的呢？

不要让思想"抛锚"

成功创业一定有方法，那么这个方法是什么呢？就是超越常人的思维方式！

几年前"搜狐"这个名字还无人知晓，现在却成为千上万网民关注的网站。搜狐总裁张朝阳博士在美国麻省理工学院获得了物理学博士，放弃了搞科学研究拿诺贝尔奖的初衷，毅然回国，在短短两年时间内，将"搜狐"办成了广为人知的著名网站。紧跟着张朝阳的是一批批学成归来的博士、硕士，他们除了拥有聪慧的大脑、令人羡慕的学习经历外，可以说是一无所有，没有资金，没有企业经营管理的经验，但他们有敏锐的眼光，他们从海外学来了一套比较成熟的运作机制，并使它在中国这片肥沃的土地上生根发芽。在面临中国特殊国情带来的特殊问题时，他们用一种新的思维方式、新的做事方式，启发了众多的商界人士。

成功创业需要我们激发潜能，独立思考，唯有这样才能挖掘到财富。

相反，如果一个人墨守成规，故步自封，那么这个人便不会有所创新，也不会有成功的那一天。

一个小孩在看完马戏团精彩的表演后，随着父亲到帐篷外拿干草喂表演完的动物。

小孩注意到一旁的大象群，问父亲："爸，大象那么有力气，为什么它们的脚上只系着一条小小的铁链，难道它无法挣开那条铁链逃脱吗？"

父亲笑了笑，耐心地为孩子解释："没错，大象是挣不开那条细细的铁链的。在大象小的时候，驯兽师就是用同样的铁链来系住小象的，那时候的小象，力气还不够大，它起初也想挣开铁链的束缚，可是试过几次之后，知道自己的力气不足以挣开铁链，也就放弃了挣脱的念头，等小象长成大象后，它就甘心受那条铁链的限制，而不再想逃脱了。"

在大象成长的过程中，人类聪明地利用一条铁链限制了它，尽管那样的铁链根本系不住有力气的大象。我们在创业时是否也有许多肉眼看不见的铁链系住了我们呢？而我们也就自然将这些链条当成习惯，视为理所当然。于是，我们独特的创意被自己抹杀，认为自己无法成功致富。然后，开始向环境低头，甚至开始认命、怨天尤人。

这一切都是我们心中那条系住自我的铁链在作祟罢了。除了墨守的方式之外，你还有一种不同的选择。你可以当机立断，运用内在的潜能，挣开消极习惯的捆绑，改变自己所处的环境，投入到另一个崭新的领域中，使自己的潜能得到发挥。挣脱束缚你心灵的缰绳，让你生命的能量得到释放。

亨利·福特直到 40 岁才获得成功。他没有受过多少正规教育。在建立了他的事业王国之后，他把目光转向了制造八缸引擎。他把设计人员召集到一起说："先生们，我需要你们造一个八缸引擎。"这些聪明的、受过良好教育的工程师们深谙数学、物理学和工程学，他们知道什么是可做的、什么是行不通的。他们以一种宽容的神情看着福特，像是在说："让我们迁就一下这位老人吧，怎么说他都是老板嘛。"他们非常耐心地向福特解释说，八缸引擎从经济方面考虑是多么不合适，并解释了为什么不合适。福特并不听取，只是一味强调："先生们，我必须拥有八缸引擎，请你们制造一个。"

工程师们心不在焉地干了一段时间后向福特汇报："我们越来越觉得制造八缸引擎是不可能的事。"然而，福特先生可不是轻易被说服的人，他坚持说："先生们，我必须有一个八缸引擎，让我们加快速度去做吧。"于是，工程师们再次行动了。这次，他们比以前工作得努力一些了，时间也花得多了，也投入了更多的资金。但他们对福特的汇报与上次一样："先生，八缸引擎的制造完全不可能。"

然而对于福特，在这位用装配线、每天 5 美元薪水、T 型与 A 型改良了工业的人的字典里，根本不存在"不可能"这个词。亨利·福特炯炯有神地注视大家说："先生们，你们不了解，我必须有八缸引擎，你们要为我制作一个，现在就制作吧。"最后，他们真的制造出了八缸引擎。

老观念不一定对，新想法也不一定错，在创业时，只要打破心理枷锁，突破思维定式，你也会像福特一样成功。

魔术大师胡汀尼有一手绝活，他能在极短的时间内打开极其复杂的锁，从未失手。但是，他的心里却装着一件最遗憾的事：那就是有一次，他被自己给打败了。

为什么这么说呢？原来，他曾为自己定下一个目标：在 60 分钟之内，从任何锁中挣脱出来，条件是让他穿着特制的衣服进去，并且不能有人在旁边观看。这个目标以往在其他地方都顺利实现了，但有一次，在一个英国小镇上他失手了，那里的居民给他开了一个玩笑：他们特别打制了一个坚固的铁牢，配了把看上去非常复杂的锁，请胡汀尼来看看能否从这里出去。胡汀尼接受了这个挑战。他穿上特制的衣服，走进铁牢中，牢门哐啷一声关了起来，大家遵守规则转过身去不看他工作。胡汀尼从衣服中取出自己特制的工具，开始工作。

30 分钟过去了，45 分钟、一个小时过去了，最后两个小时过去了，胡汀尼始终听不到期待中的锁簧弹开的声音，他走不出这个特意为他打造的牢笼。最后，他只能不甘心地承认自己失败了，那些小镇居民转过身来，直接把门一拉，什么事情发生了？那个门根本没有上锁，那看上去很厉害的锁只不过是个摆设罢了。小镇居民跟这位逃生专家开了个大玩笑，门没有上锁，自然也就无法开锁，但胡汀尼心中的门却上了锁，他的头脑中有了先入为主的概念："只要是锁，就一定是锁上的。"

我们的心里是不是也一样上了锁呢？被一个名为"成见"的锁锁住了心，锁住了思想呢？

创业是本事的较量，更是思想的比拼，只有做别人想不到的，你才能赚别人赚不到的。相反，一个人在创业时停止了思考，盲目服从、机械、模仿，那么就永远赚不到钱，也永远不会有发展前途的。所以要创业、要成功，那么你就要充分运用大脑，别让思想停滞不前。

借助一切可利用的资源

一个小男孩在他的玩具沙箱里玩耍，沙箱里有他的玩具小汽车、敞篷货车、塑料水桶和塑料铲子。

当小男孩在松软的沙堆上修筑"公路"和"隧道"的时候，他在沙箱的中间发现了一块巨大的石头，阻挡了他的"工程"建设。于是，小男孩开始挖掘石头周围的沙子，企图把它从沙箱中弄出去。虽然石头并不算大，可是对于一个小男孩来说已经算是相当大了。小男孩手脚并用，费了很大力气，终于把大石头挪到了沙箱的边缘。但是，他发现自己根本没有力气把大石头搬出沙箱的"墙"。

不过，小男孩下定决心要把大石头搬出去，于是他用手推，用肩拱，用力摇晃大石头，做出一次又一次地努力。可是，每当刚刚有一点进展的时候，大石头就又滚回原处。最后一次，大石头滚回来砸伤了小男孩的手指头。

终于，小男孩再也忍不住了，他大哭起来。其实，这件事的整个过程都被小男孩的父亲透过起居室的窗户看得一清二楚。就在小男孩哭泣的时候，父亲忽然出现在小男孩的面前。父亲温和地对小男孩说："儿子，你为什么不用尽你所拥有的全部力量呢？"小男孩十分委屈地说："但是，我已经用尽我的全部力量了。""不对，儿子。"父亲亲切地说，"你并没有用尽你所拥有的全部力量，你并没有请求我的帮助啊。"说完，父亲弯下腰，抱起那块大石头，把它搬出了沙箱。

当遇到困难，感到自己再也坚持不下去的时候，不要一味地蛮干或轻易放弃，你不妨试着转变一下思路，尝试其他的方法，或者向别人求教或求助。创业也是如此，单靠一个人的资源和力量是会很艰难的，如果善于利用一切有利的资源，把别人的东西借过来为自己所用，那么创业就会不再那么艰辛。

下面有几种创业形式你不妨参考一下：

1. 大赛创业

即利用各种商业创业大赛，获得资金和发展平台，如 Yahoo、Netscape 等企业都是从商业竞赛中脱颖而出的，因此也被形象地称为创业"孵化器"。如清华大学王科、邱虹云等组建的"视美乐"公司、上海交大罗水权、王虎等创建的"上海捷鹏"都是通过参加创业大赛获得资金而实现自己的梦想的。

2. 团队创业

指具有互补性或者有共同兴趣的成员组成团队进行创业。如今，创业已非纯粹追求个人英雄主义的行为，团队创业成功的概率要远高于个人独自创业。一个由研发、技术、市场融资等各方面组成并且优势互补的创业团队，是创业成功的强大后盾，对高科技创业企业来说更是如此。

3. 概念创业

概念创业即凭借创意、点子、想法创业。当然，这些创业概念必须标新立异，至少在打算进入的行业或领域是个创举，只有这样，才能抢占市场先机，才能吸引风险投资商的眼球。同时，这些超常规的想法还必须具有可操作性，而非天方夜谭。

4. 内部创业

内部创业是指一些有创业意向的员工在企业的支持下，承担企业内部某些业务或项目，并与企业分享成果的创业模式。创业者无需投资却可获得丰富的创业资源，内部创业由于具有"大树底下好乘凉"的优势，也受到越来越多创业者的关注。

5. 兼职创业

兼职创业即在工作之余再创业，如可选择的兼职创业：教师、培训师可选择兼职培训顾问；业务员可兼职代理其他产品销售；设计师可自己开设工作室；编辑、撰稿人可朝媒体、创作方面发展；会计、财务顾问可代理做账理财；翻译可兼职口译、笔译；律师可兼职法律顾问和自己开办事务所；策划师可兼职广告、品牌、营销、公关等咨询工作；当然，你还可以选择特许经营加盟、顾客奖励计划等等。

避开创业风险，顺利到达彼岸

创业是一次艰苦的历程，途中会经历各种困难，受到种种磨难。此外创业也会遇到各种各样的风险。

诸葛亮在谈到打仗时说过，带兵之道是危机四伏的，稍有闪失就可能全军覆灭。其实创业路上的风险远远大于带兵行军。

公元前490年，波斯王大流士一世授命海军大将达提斯和阿塔菲尼斯为远征军统帅，率领数万大军再次进犯希腊。希腊军将领米太亚采取了两翼埋伏、正面佯攻的战术，把实力雄厚的雅典重步兵摆在两翼，以薄弱兵力在正面发动佯攻，引诱波斯军反击。战斗开始后，中央阵线首先出击，气势汹汹的波斯军立即反攻，雅典军且战且退，波斯军队形在追击中越拉越长。就在波斯军骄纵得意之时，埋伏在两翼的雅典军主力像洪水般俯冲而下，波斯军猝不及防，队形大乱，自相践踏，雅典军一直追杀到海边，波斯军丢下几千具尸体，仓皇爬上舰船逃走了。

"创业有风险，下海需谨慎"，创业路上有一种风险就是来自于种种人为的陷阱、骗局、圈套，这些看似天上掉下的馅饼经常会害得创业者血本无归，甚至破产倒闭。

某电子有限公司的老板张先生，在跟朋友们说起创业时期的事情时，讲述了他曾经受骗的事，他这样说道：

"那年8月，我收到外省一家公司要求代理他们产品的信件，信函中有印刷精美的公司介绍、产品介绍、价格表、代理意向、产品样板，并通过电话进一步介绍、推荐他们公司的产品，还盛情邀请我到他公司参观、考察。同时许诺代理产品的广告费全部由他们公司承担。按照正常的逻辑来看，这家公司似乎很正规、很有实力，从表面看不出任何问题，这对于一个新开的公司来说有相当大的诱惑力。

"骗子获取我的信任后，下一步就是制造代理产品热销的假象，先派一个托儿到我这儿订购了少量产品，使我们确信这个产品有销路、有可观的利润。诱使我急着要求这家公司派人送货。此时骗子稳坐钓鱼台，我越急，骗子就越不急，他们未派人，也未发货，而是解释货供不应求，要到9月中旬我才能拿到货，骗子这样做的目的就是想吊我的胃口。

"骗子经过精心布局后开始正式行动。另外一个托儿装作客户同我取得联系，并约定9月底到我这儿看产品样品。那天这个托儿准时来到我这里，并一下子订购了大量的货，还装模作样地看了样品，并谈妥了价格，同时要求在2～3天内拿到货，否则就算啦！于是我急着向这家公司求援，看能不能在最快的时间内调到货，没想到这家公司说：他们有一批货正准备发往北方。如果我们能用现款购买，他们可以先调节一部分货给我们应急。经过讨价还价，我同意预付30%的货款。此时我被眼前巨大的利益冲昏了头脑，完全丧失了应有的警惕性和对事情的判断力。托儿则同意给5000元的定金，说第二天过来提货。等我把货拉回公司后，越想越觉得不对劲，事情怎么这么顺利、这么巧？但此时部分货款已付，也只能听天由命。就这样熬过一个夜晚后，第二天提货的人一直没来，这时我才知道自己上当受骗了。"

形形色色的骗子精心制造的"馅饼"涉及面广泛,诸如种植业、养殖业、联营加工、回收产品、技术转让、销售代理、收购古钱像章、新奇特产品发布、分公司加盟等等,极尽花样翻新之能事。但万变不离其宗,这些大大小小的"馅饼"都有以下两个明显的特征:

(1) 充满极强的诱惑性。通常,骗子为了使人上当,宣传广告都要经过精心推敲,大有"语不惊人死不休"的气势,极具诱惑性。比如"受某某部委托"、"某某市唯一一家机构"、"经中科院权威推荐"等花言巧语,目的就是让想发财的创业者们自觉地走入陷阱之中。

诱惑性还表现在低投入,高效益,利润高得惊人。而且有时候还包教包会,包回收产品,甚至上门收购,现金结算。这不等于是天上掉馅饼的好事情吗?可是这正迎合了很多人妄想一夜暴富的心理,于是上当受骗者就不乏其人了。

(2) "馅饼"具有高度的伪装性。骗子们经常拉虎皮做大旗装扮自己,在宣传手册上,吹嘘公司总裁或项目的发明人受到过党和国家领导人的接见,被新闻媒介誉为什么"发明奇才"等。或者是打着高科技的幌子,假借高校、科研机构的名义,说自己的技术是国外引进、国内首创、独家专利等等,以此取得人们的信任,然后骗取钱财。

那么,我们究竟应该防备哪些陷阱呢?这需要我用自己的一双慧眼,去将这真真假假看个明明白白。具体可以从以下几方面来判断:

(1) 办公场所。有实力的公司必须有自己的房屋产权。租房办公的单位无论技术实力还是信誉度都相对较差,遇到麻烦便很可能会逃之夭夭。

(2) 检查对方的营业执照。公司不合法,合作便是一句空话。看清转让单位营业执照上的注册资金是否雄厚,经营范围是否合法,小心皮包公司。

(3) 看资质证书。各类资质证书是企业发展水平的标志,绝大多数骗子没有资质证书或者证书不全,当然也有骗子的证书是全的,但有真有假,如果有必要应该去有关部门了解一下。

(4) 了解对方是独立的实体还是挂靠在他人门下。骗子公司大多会挂靠其他部门。通常会租用权威部门几间房子,假借"某大公司"、"某国家部属"、"某大学"、"某专家"的名义来壮门面。

(5) 清楚地知道对方技术人才的数目。虚假技术转让单位通常是利用专利授理来冒充正式专利的,因此,要看看对方公司有多少真才实学的技术人才。

(6) 看产品的进步性。新产品能不能打开、控制市场,就要看其进步性。看它和老产品相比,有没有技术或者成本优势。

(7) 看效益。投资越少,越不可信;对方宣传的效益越高,越可能有诈。试想,现在的市场竞争这么激烈,哪有投资少、赚钱多,回报快这样的好事?

(8) 准确地定位自己,切忌盲目。选项目、学技术前,先考察一下当地的资源优势和自己具备什么优势,千万不要随大流、一哄而上。有些客户盲目接产"合成液化气",却因为当地没有主要原料"碳五"而白白损失了上万元! 这不是技术问题,也不是项目的虚假,而是因为原料的问题。

(9) 看实际成本。很多公司推荐的项目公开的成本,往往是经过"缩水"处理的,隐匿了很多潜在的、外行不易看到的成本。

(10) 看身份证。绝大多数骗子不敢出示真的身份证等有效证件,同时还要注意识别真假证件。

(11) 看产品。应该查看产品是否与合同上订的样品一样,价值和价格是否相等,而且要防止骗子在瞬间用相同或者相近的运输工具调包。

(12) 看清楚合同。防止骗子玩文字游戏。例如,有的保价回收协议中有一条"按协议价格回收",只要动一个字,"议"改为"商",变为"按协商价格回收",一字之差,内容迥异。

(13) 看市场效果。对于不了解的项目、技术,不要只听加盟公司的宣传,要自己到市场上了解真实的情况。

(14) 用时间来判断。所谓"路遥知马力",骗子公司一般运作时间很短,一年半载甚至几天之后,就会原形毕露卷款逃走。只要沉住气,多等一段时间,就可以判断出某家公司的真假。

因此,我们要时刻敲响警钟,擦亮慧眼,善于揭穿假象,避免上当受骗,脚踏实地地走上创业致富的金光大道。

第三节　创业应注意的事项

有人认为，创业是随意的、无规则的，在这种思想的指引下，他们没有从正确的地方开始，最后多以失败告终。面对强手如林的市场、生死存亡的竞争，我们应该了解一些事项、遵循一定的规律，才能取得最终的胜利。

从自己熟悉的行业做起

常言说："隔行如隔山。"此言不假。若是在其他情况下，仅仅是不懂而已，也没什么。但如果创业选择不熟悉的行业，就意味着血本无归了。看到别人是赚钱的，等到自己做了，却有可能赔钱了。

创业，通俗地说就是做生意。生意上，只有自己熟悉、懂得，才能解决自己在创业过程中遇到的困难，而不需要求助别人。同时，也只有自己懂得，才会很好地预测以后的市场行情走势。

有句老话说得好："不熟不做。"如果你要创业，那么就要选择自己熟悉的行业。这才是明智之举。

25岁的河北女孩董亚，大学毕业后准备和同学舒敏一起创业。因为在校期间她们学的是计算机专业，于是她们筹了资金决定从卖电脑配件开始做起。由于市场竞争激烈，她们在经营了半年后还是没见收益，于是舒敏就提议转行，转到租房中介上去。董亚劝告舒敏说："租房中介对我们来说太陌生了，都不知道从何下手，再说如果转到那上边去，我们现有的东西就都用不上了，还得重新找办公的地方。"舒敏没有听从董亚的意见，毅然投身到租房中介服务中，而董亚则继续卖她的电脑配件。一年后凭借自己对IT行业的熟悉，董亚赚取了一笔可观的收入，而舒敏又开始转行了。

选择自己熟悉的行业是创业成功的捷径。创业者选择自己熟悉的行业，就能拥有更多的信息，知道哪种行业有前途、有市场，知道未来市场的发展方向、顾客的需求，因而会得心应手，很容易做出正确的决策。相反，如果你选择自己不熟悉的行业，那么所有的一切都得从零开始，如果你够幸运，有可能取得成功，如果你不是那个幸运者，面对你的又会是什么呢？

王江45岁时，从自己工作10多年的岗位中退了下来。这10多年里，他是负责业务的，那时，常常全国各地到处跑，每到一处，都和当地的朋友一起吃遍各种风味小吃，觉得很过瘾。退下来后，王江整天待在家中，很难再像以前一样和朋友山吃海喝了，这对习惯以前那样生活的王江来说无疑是一大缺憾。日子过得拮据，再加上妻子的唠叨，王江决定自己创业。经过一番深思后，他决定要做餐饮。他觉得，如果开个店，一来可以召集朋友，三天一小聚，五天一大聚，有个最经济、便捷、舒适的"吃处"。二来也可以赚些钱。一个做了多年业务的人，一个对饮食只有口福没有经验的人，现在却大张旗鼓地做起了餐饮，这简直是摸着石头过河——不知深浅！朋友、妻子也都劝他："女怕嫁错郎，男怕入错行。你从没接触过餐饮业，慎重起见，还是从自己熟悉的行业做起吧。"王江一心想做餐饮业，根本听不进别人的劝告，继续按着自己的想法做。最后由于对餐饮行业的不了解，没过半年就把多年的积蓄都赔了进去。

创业固然是件好事，但如果盲目创业，随便进入一个陌生的行业，便会得不偿失。

创业如果本钱不多，切记不要贸然扎进自己不熟悉的行业，因为你付不起学费，很可能是门道和诀窍还没有弄懂就已经撑不下去了。

不熟悉行业的姑且不用说，就算你是从事这个行业的，比如IT行业，原来是做技术或其他的，尽管对于电脑技术这方面相当熟悉。但实际做起生意来，还是有很大差别的。当初你是从技术的角度看问题。或者，你仅仅接触到你所使用的一两台电脑设备的性能。而做生意则是从市场的角度看问题，它需要知道与之相关的所有电脑配件的行情。你可以不十分了解其中的技术性能，但你必须知道在目前市面上，所有与之相关的产品的市场、行情、性能等等。如果说其他工种接触到的是"点"的话，那么做生意接触到的应该是"面"了。

俗话说"万事起头难"，所以创业致富最好是从自己熟悉的行当作起比较稳妥。当然，即便是熟悉的行业，也要前思后想，周密筹划，才能遇事不慌，顺利渡过起步阶段的难关。因为总会有意外的事发生，有了充分的心理准备，才能从容不迫地去应对和解决，才能保持和不断增强成功的信心。

用对人，还要会用人

如果你要创业，要开公司，就需要招聘员工，那么创业初始时你就应该明白自己需要什么样的人。一般而言，创业需要以下几种类型的人才：

1. 忠诚的人

"忠诚"并不是跟领导搞好关系，也不是唯命是从，而是"你是不是真心地在为企业着想"，这个"着想"不仅是体现在要给企业出多么好的主意，为企业做出多么大的业绩，它也可以体现在每一件小事当中。

2. 敬业的人

市场竞争越来越激烈，开公司越来越难，公司的每个员工是否敬业，决定了这个公司是否有发展前途。对待工作任务的态度，完成工作的认真程度，都体现了一个人的敬业精神。

3. 有经验的人

招聘员工实际上是一种投入，有投入就要有产出，就要能够给公司创造出价值。经验是一种财富，对公司来说，不需要培养就可以直接上手工作的员工是非常有价值的，他们还带来了新的方法和技术，有时候他们给公司带来的效益是不可估量的。

4. 有潜力的人

有的人虽然经验不足，但却很有想法，反应敏捷，善于配合他人工作，如果给他一定的时间完全可以胜任工作。而有经验的人往往已经形成了自己的工作习惯，到一个新的工作环境有时候会产生抵触情绪，反而会降低工作效率。小型公司往往会招聘有经验的人，为了给公司直接带来效益，而大的公司则会专门招聘应届毕业生，通过培养锻炼使之成完全符合公司要求的人才。

知道了要用什么样的人，还得知道如何用，即了解所用之人的特长、短处、能力强弱、个性特点。善用，即能根据不同人的特点，扬长避短，化短为长，安排适宜发挥他特长的工作，这样就能人尽其才。

西邻共有 5 个儿子，一子朴、一子敏、一子盲、一子偻、一子跛。西邻安排 5 个儿子中质朴老实的儿子种地，安排机敏伶俐的儿子经商，安排双目失明的儿子卜卦，安排背驼的儿子搓麻，安排跛足的儿子纺绳。结果，五个儿子都不愁吃穿了。

西邻安排 5 个儿子对号入座，各适其职的做法，就是今天所说的能位相匹配。纵观历史上的一些伟大人物，他们都是用人的高手。

曹操同孙权一样，善于协调部属之间的关系，用其所长，张辽大战逍遥津的故事就是一个善于用人的典型例子。当时孙权率领 10 万大军攻下皖城，指向合肥的时候，守卫合肥的只有张辽、乐进、李典率领的 7000 人。在敌强我弱的情况下，如果内部不能通力合作，必败无疑。而这 3 个人"皆素不睦"。张辽有勇有谋，能统率大局。乐进稳健，李典儒雅，李、乐很早就跟着曹操了，对后投降的张辽很不服气。在关键时刻，曹操派人送来一个木匣，上书"贼来乃发"，并在文书内对合肥的防御做了具体的安排，若孙权至，张、李二将军出征，乐将军守城，张辽坚决执行曹操之命令，表示与来敌"决一死战"。李乐二人被感动，表示愿听指挥。后来大败吴军，还差一点捉住孙权。从这一点安排上反映出曹操高超的用人艺术。一是他了解张、李、乐三人不和，由他出面3人心理能够接受。二是乐进守城是其长处，而张、李在重要关头定能够服从大局。

正是曹操这种知人善任，用人得当的能力，为他后来取得天下打下了坚实的基础。此外，中国历史上第一位平民皇帝刘邦也是一位用人高手。

刘邦本是出身贫寒的农家子弟，文不能书，武不能战，而且身上还有一股"与生俱来"的痞性，嗜酒好色，四处留情，但他却能将萧何、韩信等大批能人智士云集于自己的帐下，经过数年的征战后，逼得项羽自刎江畔，统一了天下，开创了汉王朝的雄伟霸业。刘邦成功之后，曾经说过："在帷帐中运筹划策，决策于千里之外，我不如张良；镇守国家，安抚百姓，供给军粮，畅通粮道，我不如萧何；运兵百万，战必胜，攻必克，我不如韩信。这3个人都是人中俊杰，我能任用他们，就是我取得天下的原因。"由此可见，刘邦在建业初期的用人方面，确实有着与众不同的地方，值得我们学习。

一个人能够成功创业最重要的才能是如何调动部下的积极性，下属都有什么才能，有什么性格，有什么特征，有什么长处，有什么短处，放在什么位置上最合适，这些都是创业者需要掌握的。作为一个刚刚开始创业的人，要掌握好一批人才，把他们放在适当的位置，让他们最大限度地、充分地发挥自己的积极性和作用，唯有如此，你的事业成功才能指日可待。

别小看蝇头小利

现在，很多人都想发财，梦想自己有朝一日能财源滚滚。但为什么最后有钱的却只是少数，更多的人则终其一生地做着发财梦呢？这其中一个最大原因是这些人太迫切想赚钱，导致了致富心态的错误，他们只想发大财，看不上蝇头小利。他们完全忘记了积少成多、聚沙成塔这个道理。

两个年轻人一同寻找工作，一个是英国人，一个是犹太人。

一枚硬币躺在地上，英国青年看也不看地走了过去，犹太青年却激动地将它捡起。

英国青年看到犹太青年的举动露出鄙视之色：一枚硬币也捡，真没出息！

犹太青年望着远去的英国青年心生感慨：白白地让钱从身边溜走，真没出息！

两个人同时走进一家公司。公司很小，工作很累，工资也低，英国青年不屑一顾地走了，而犹太青年却高兴地留了下来。

两年后，两人在街上相遇，犹太青年已成了老板，而英国青年还在寻找工作。

英国青年对此不可理解，说："你怎么能这么快地成功呢？"

犹太青年说："因为我没有像你那样优雅地从一枚硬币上迈过去。你连一枚硬币都不要，怎么会发大财呢？"

英国青年并非不要钱，可他眼睛盯着的是大钱而不是小钱，所以他的钱总在明天。这就是答案。

不积跬步，无以至千里，不先赚小钱又怎么赚得到大钱呢？一次中几百万元大奖的人毕竟是少之又少，更多的人也许一生都不会遇到。但是，在日常生活中，靠劳动赚小钱的机会却犹如天上下雨，是隔三岔五就能够遇见的，就看你愿意不愿意抓住它、利用它。能够靠继承祖业、技术专利等方式迅速赚到大钱当然最好，但如果你不具备或暂时还不具备赚大钱的条件，倒不妨去脚踏实地地赚些小钱。小钱赚多了，生意经营做熟了，不就成了大钱？假如整天白日做梦般地想发财，指望天上下金条砸向自己，却不投入实际行动去赚小钱，即使真正碰上了发大财的机会，到时候能有足够的能力、经验、气度来获取财富吗？

所以，千万别看不起小钱，忽视蝇头小利。事实上，赚小钱是赚大钱的必要步骤，因为在赚小钱的过程中，可以增加经验、见识、阅历，培养理财意识和赚钱能力，同时积累人情关系，摸索市场规律，熟悉相关的政策法规。试想，一个连小钱也赚不到的人，如果交给他一家大商场、大公司、大工厂，他能管理得了吗？所以，要想赚大钱，不能指望一夜暴富，而是应该脚踏实地，从小钱赚起。要像四川那句俗话说的：先找"金娃娃"（赚小钱），再找"金娃娃"的妈（赚大钱）。

美国石油大王哈默非常富有，可是他对利润才几分钱的铅笔生意一样也很重视。一次他去苏联访问，发现铅笔很贵，知道苏联制笔业落后。但当时苏联有一亿多人口，而且政府号召工农学文化，铅笔用量相当惊人。于是，哈默访问结束回国后，就马上买了机器，盖起厂房，年产量达1亿支，出口苏联，大赚了一笔。

还有世界上最大的百货零售商沃尔玛，世界上最大的快餐店麦当劳，他们每天的销售额数以亿计，但沃尔玛每天要卖多少的针头线脑，麦当劳每天要卖多少个汉堡鸡腿，才能堆积出那样巨大的财富呢？正是由这样无数个小钱的堆积，铸就了他们巍峨的财富大厦。

有钱人尚且如此，对于刚迈向创业之门的年轻人而言，更应从小做起，从一分一厘开始，赚取更大的财富。

第 **6** 个决定
拿什么爱你，我的爱人

第一节　找到适合自己的恋人

选择恋人是恋爱婚姻的第一步，也是很重要的一步。有不少年轻人在婚姻中遇到挫折，感情受到伤害，其中一个最大的原因就是选择不当。

俗话说："慎其始，才能善其终"，事情开始时要十分谨慎，才能有比较好的结果，选择恋人也是如此。那么如何才能做出正确的决定，找到适合自己的恋人呢？

不要只看外表

人们追求美貌本来是很自然的事情。但是有些人单纯"以貌取人"，把貌美作为择偶的第一标准。如有些女性对男朋友的要求是"运动员的身材，外交家的风度"；有些男性对女朋友的要求是"模特儿的身段，明星的容貌"。这种择偶标准是不理性的。外在美固然好，但如果只有外在美，而没有内在美，"金玉其外，败絮其中"，那么与这样的人相处，不仅不能得到快乐，而且还会带来不幸。

俄国著名诗人普希金择偶时过分追求外在美。他不听别人的劝告，娶了当时号称"莫斯科第一美人"的娜塔丽亚为妻。然而这个美人是一个追求吃喝玩乐、水性杨花的女人，她不断地要求普希金带她出席各种晚会和宴会，频频参加社交活动，把普希金搞得筋疲力尽，才思枯竭，连诗也写不成了。后来这位美人又爱上了一个军官，普希金不堪忍受这种奇耻大辱，被迫和军官决斗，结果被军官开枪打死了，"赔了夫人又折命"，落得悲哀的下场。

可见，选择对象不能够只看外表。

恋爱婚姻需要经济基础，但是如果把金钱作为选择伴侣的至高无上的标准，那么这段婚姻的基础是不牢固的，婚姻也不会长久；如果以貌取人，必然色变爱去；如果重财轻德，必然财竭情移；如果攀附权势，必然权失爱亡。因此，建立在钱财、外貌、权势基础上的爱情都是不牢固的。

所以每一个年轻人在选择恋人时，都应给未来的他或她设定一个理性的标准，要以道德为首，注重个性和志趣的和谐互补，切不可以貌取人，以财取人，以权取人，只有理性择偶我们才能登上幸福婚姻的快车。

太过苛求不可取

很多年轻人在选择对象时总是横挑鼻子竖挑眼，女性要找有钱的、长得帅的、会心疼人的……男性要找温柔的、善良的、漂亮的、会做家务的……他们总是要求自己的恋人十全十美，就在这种挑与被挑中错过了良机。

有个人得到了一颗有个小斑点的美丽的珍珠，他想如果去掉这个小斑点，这颗珍珠就是世界上的无价之宝了。

于是，他削去了珍珠的表层，但斑点仍在，他又削掉第二层，以为斑点肯定可以去掉了，结果斑点仍然存在。

他不断地削掉一层又一层，直到最后，斑点没有了，但珍珠也不存在了。

水至清则无鱼，人至察则无徒。金无足赤，人无完人，世上不存在没有缺点的人。选择恋人也是如此，不能过于苛求。

大多数人在选择恋爱对象时太过挑剔、苛求，其实完美的伴侣在这个世界上根本就不存在，太过苛求只会让自己遗憾终身。

爱并不是崇拜，一个完美无缺的人是让人敬畏的，是用来作为虚拟的偶像图腾来崇拜的，但却不是让人去爱的。而且生活当中根本没有完美的人，每个人的身上都或多或少有缺点。但正因为这些不足，才使你的性格更添风采，才能更加显现出你的长处。

但是追求完美的人比比皆是，他们苛求自己完美，苛求别人完美，苛求爱情完美……这反而使他们在追求完美的过程中有更多的缺憾，会因为要得到完美而使一切更糟。

有时人们在意自己的缺点是因为缺点会使自己不自信，这是完全没有必要的。要为自己身上的优点而自豪，同时也要正视自己身上的缺点而认同自己，因为它们共同缔造了一个与众不同的你。真正爱你的人既爱你的优点也会接纳你的缺点。

小雅是个很漂亮的女孩，可美中不足的是在她右脸颊眼角下有一个一元硬币大小的蝴蝶形状的红色胎记。她的邻家住着一个年龄和她相仿的男孩小峰，小峰给她起了个外号叫"蝴蝶妹妹"。随着年龄的增长，两个人的感情也越来越好。在小雅23岁生日的那天，小峰送给了女孩玫瑰花。可是小雅没有接受，她对男孩说："我要在做完一件事之后才能接受你的玫瑰，你要等着我。"

男孩尽管疑惑，但仍理解地说："好，我等着你！"

于是小雅消失了半个月。半个月后的一天，小雅约男孩见面，并且说今天要接受他送的玫瑰花。小峰很是欣喜，早早地来到了他们常常见面的地方，满心欢喜地手捧着一大束玫瑰花等待着小雅的到来。小雅穿了一件新的连衣裙，美丽动人地走到了小峰的面前。两人沉默了几分钟后，小峰突然转头离开了。小雅很伤心，不知道发生了什么，于是忍着伤心叫住了小峰问他为什么。

小峰简短地说："蝴蝶。"

"我已经让整容医生帮我除去了啊。生日那天我没有接受你的玫瑰，就是因为我觉得脸上的胎记太难看，所以想把它除掉，让自己能够更美丽，然后再接受你的玫瑰啊。你看'蝴蝶'已经不见了啊！"小雅一边指着脸颊，一边很委屈地说。

小峰摇了摇头说："是的，现在的你是很美丽，甚至近乎完美。但是正因为你去掉了脸上的'蝴蝶'，我才决定离开。"

小雅疑惑地问："为什么啊？"

小峰回答说："因为你的完美让我觉得害怕和有压力，让我觉得你是那么的遥不可及，让我觉得你是如此完美。而我的身上却有很多的缺点，并且这些缺点不像你的胎记一般可以去除。我喜欢你，包括你的一切，也包括你脸上的'蝴蝶'。我想，你要求自己完美的同时也会要求我完美，而当我不能达到你的要求时，我们就会彼此伤害。所以我决定放弃，让我们的爱在开始时终结，在缺憾中美丽。"

说完，小峰离开了，并且离开了他俩所在的城市。小雅也因此懂得了许多道理。

也许你以为这个故事是虚构的，不合实际，但没有缺憾就无所谓完整，没有缺憾生活也就没有了动力。有了缺憾才使许多事情显现出无限生机，有了缺憾才能够让我们体味什么是幸福，就像有阴天才有晴天的灿烂、有黑暗才显现光明的可贵一样。只有在对比中，在事物两方面的循环往复中才丰富了人生。过于追求完美会让人想要疏远你，过于追求完美也会使你忽略平淡朴实中的美好。

不要太在意生活中的缺憾，它会模糊你的视线，让你无法看清美好和幸福。只有洒脱地面对一切，才能有无憾的人生。

小芹一心想找一个能够"配得上"自己的"白马王子"。可是，因为她要求的条件太多，找了整整40年也没有找到理想的"梦中情人"。

当她从年轻、漂亮的姑娘变成了一个步履蹒跚、衰弱的老妇人时，仍然执迷不悟。

有人问她："老婆婆，这么多年了，你怎么一直没找到称心如意的伴侣呢？难道没有一个人你能相中吗？"

小芹回答："我曾经相中过一个。"

"那你为什么不嫁给他？"

"唉！那个男人也想要找一个完美无缺的好女人。"小芹十分痛惜地说。

金无足赤，人无完人，苛求完美只会让自己空留余恨，所以赶快行动吧，别让挑剔、苛求耽误了自己。

果断丢弃不合脚的鞋

24 岁的张华和男友经历了 5 年的恋爱长跑，其间有过无数次的争争吵吵，分分合合，可最后两个人还是在一起了。就在两个人快要结婚的前一个月，因为一些生活习惯的问题他们之间再次爆发了激烈的争吵。

以前数次的争吵，总是过不了多久就会重归于好，可这次，张华觉得两个人都属于个性极强、急性子的人，以后遇到矛盾谁能忍让呢？难道结婚以后也一直这么吵下去吗？她已经对这种周而复始的争吵厌倦了。

她想起过去买的一双鞋子，很漂亮，像精致的工艺品。就是因为太喜欢那双鞋子了，当初试穿时虽然左脚有些挤脚，可店里又没有第二双了，她还是买了下来，以为多穿穿就会适应了。

没想到穿了很久，还是不合脚。每次穿着它出门都得忍受疼痛，回到家左脚的脚趾都会红肿。后来这双鞋子只好一直被放在鞋柜里，每次换鞋时看到它，她都会遗憾地摩挲一下它精致的鞋面。

张华现在看到她的男友，就会想起那双鞋子。当初在一起时，只是出于爱慕，但并不了解男友是否适合她。当她发现两个人彼此不合适的时候，在一起已经太久了，谁也不忍轻易放弃，维系两人关系的其实只是一种不舍的心情。漫长的 5 年并没有使两个人和谐相处，而依恋却很深。就这样两人走进了一个死胡同，只要两个人在一起，就不免摩擦得伤痕累累，然而时间越长，就越不舍。于是两个人在伤口愈合后，又开始彼此之间新的伤害。

可惜无论在一起多久，不合适的终究不合适，就像那双鞋子，多穿一次，并不能让它更合脚一些，而只是让自己多经受一次痛苦而已。所以当你发现自己喜欢的鞋子并不合脚的时候，应该果断地把它丢弃。

选择恋人如同选择鞋子，只有合脚的才是最好的。

感情是珍贵而又容易枯竭的，请珍惜你的感情，别把它浪费在不适合自己的人身上。唯有如此，你的感情才能开花结果，否则你将收获无尽的伤痛与悔恨。

爱情绝不是生命的全部，除此之外我们还有更多的事情需要去做，而不必在此浪费时间，特别是不要把感情浪费在不合适的人身上。当你感觉对方不合适时可以选择离开，而不是被迫离开，虽然可能会落得个被抛弃的名声，但这又何尝不是一种洒脱呢？

一个女孩发现和自己订婚的男孩爱上了另一个女孩，并且这也可能令男孩改变主意。于是她将自己打扮得非常动人，然后约他见面。他看见她的样子，竟被迷住了。然而她却在这最美的时候向他提出了分手，然后离开，留给了他一个洒脱的背影。他开始后悔了，而她，却因为主动提出分手，为自己留下了尊严和一份从容。

当你发现对方不适合自己了，不要一味地忍让包容，这样只会纵容对方。受了伤害，就有权离开。不爱了，就要果断。和不适合的人分开，才会给自己机会去遇见合适的人。

选择终身伴侣更要适合自己，适合自己的一个前提是：对方要是个"自由身"。"自由身"就是可以自由和你交往，没有结婚、没有订婚、没有固定的交往对象、单身并且只和你交往的人。如果你爱上的男人答应会早点和另一个女人分手；或是他说他不爱那个女人，他爱的是你；或是他原来的对象接受你的存在，他们不打算分手，但他想跟你在一起一阵子；或是他刚分手，但可能破镜重圆……这些男人都不是"自由身"。

千万别和已婚或有对象的人交往，不管是什么借口，结果都会一样，注定要让你心碎。因为，你只是接收了另一个人用剩的那部分感情。

小丽是一家大医院的护士，她文静、漂亮，也十分善解人意，但是她性格内向，再加上单纯的工作环境，使她一直没有找到合适的男朋友。

在小丽二十五六岁时，她的朋友就劝她，一定要多参加一些社团活动，这样才有机会认识合适的男性。后来，小丽主动参加了当地的社交舞社团，还认真、热心地担任组织者。

在小丽热心学习社交舞之后，竟然不知不觉地喜欢上了教舞蹈的男老师。那位男老师身材很棒，舞技更是一流，一转身、一抬腿，或搂着小丽的腰随着韵律旋转，都让小丽如痴如醉，尤其是当老师的汗流在厚实的胸膛上时，更使小丽觉得好想和他紧紧地拥抱！

就这样，小丽每次舞会都准时到，从不缺席。而上完课，老师也会陪着她一起去吃夜宵，并送她回家。慢慢地小丽竟然爱上了那个老师，她终日想着老师，想要贴着他的胸肌，想要浪漫地和老师全身贴紧跳舞，更想要和老师有更亲密的肌肤之亲……

爱让人疯狂！小丽虽然知道老师已经结婚了，可是，她对老师的爱慕却愈陷愈深，而且已经无法自拔了！她情不自禁地在汽车旅馆里脱下衣裳和长裙，和老师热情拥抱在了一起……

在多次的激情过后，小丽怀孕了。然而，老师说："你要自己去解决，去堕胎，我没时间，也不方便，因为我太太已经开始怀疑我了，她已经在监视我的行踪了，所以，你要自己去做掉孩子！"

"你怎么这样不负责任？我怀孕了，你居然不管我，叫我自己去堕胎，去拿掉孩子，你有没有人性啊？"可是，那个老师就是撒手不管。小丽只好自己去找了一家妇产科医院，独自一个人去堕胎。

从此以后，小丽就经常打电话到老师家骚扰，故意接通后不出声、不说话。有时，也在老师家门口等他、堵他，要他多陪陪自己。

其实，那个老师也挺喜欢小丽的，只是他想脚踏两条船。他被太太紧盯住，却也放心不下小丽。他自认不是负心人，也不是狠心的"狼人"，他只是陷入了两难的感情困境。

后来，小丽不再参加社交舞社团了，可是，她仍然她天天期待着老师抽空来和她"幽会"。

有一天，小丽在医院上班时，老师的太太突然跑到她的办公室里大闹一场。

老师的太太在办公室这么一闹，全医院的医生、护士都知道了："天啊，原来小丽不是大家想象的那样乖巧、文静，她竟然和别的男人在一起，偷人家的老公！"

"我好苦哦！为什么我的感情这么不顺，这么痛苦？"小丽一个人偷偷地伤心痛哭。

可是，她就是无法痛下决心，离开那个老师，她的伤痛仍在继续着……

看完这个故事后，我们也许会为小丽感到不值，好好的一个姑娘，怎么就会把自己快乐的钥匙，交给了一个已婚的男人呢？为什么要让别人来主宰自己的快乐与幸福？明知面对的是一段错误的感情，就要勇敢而大胆地抛开、甩掉烦恼，这样才会有幸福、快乐的新生活！

选择理想对象 4 法则

也许结婚后你才发现对方与你想象中的差距甚远，或者觉得原来的情人更适合自己，抑或觉得二人的关系实在维持不下去……造成这种状况的一个原因就是选择错误。那么怎样做才能找到最理想的对象呢？

1. 别让爱情等太久

阿卫很清楚地知道阿苗不适合自己，可是更确定的是他自己不会主动说分手。他只是耗着等着，直到有一天阿苗受不了他忽冷忽热、若即若离的态度或是等到年华老去不得不下决定时，自己选择离开。

阿卫想的是：如果你主动离开，我就没有负心，反而是尊重与成全你的决定。

半年后，阿卫跟一个刚认识3个月的女生步入礼堂，阿苗这才明白阿卫不是不想结婚，而是不想跟自己结婚！

现在阿卫已经结婚半年，当他听到刘若英的《后来》，居然会无法克制地流下眼泪，想起了他交往8年的前任女友阿苗。

阿卫为什么会难过呢？因为妻子身上有着前任女友的影子。他这才明白，其实他喜欢的就是这种类型的女孩。曾以为的不爱其实不过是时间太久，激情消逝的缘故。

恋爱谈得太久会把爱情磨掉，此时选择结婚的人，多半是出于责任，而非爱情。若在此时，遇到一个心动的人，很可能就会发生"八年的爱情长跑不敌三个月的感情"的伤心故事。

如果对方真的是你想要结婚的对象，不要想着等着有了房子、有了车子、有了票子、有了一切后再结婚，这些都不是结婚的必要条件。况且，等他有了一切，他的身价暴涨成了单身贵族，他所要面临的是更多的诱惑，你长久以来的等待与年轻时许下的山盟海誓都将难以抵挡排山倒海的诱惑。

也不要以为恋爱的时间长，婚姻就牢固。

即使是一对爱情长跑多年才结婚的恋人，也还是有可能以离婚收场的。因为情侣交往时间的长短和感情的成熟度不一定成正比。谈恋爱又不是煮卤蛋，蛋可以越卤越香浓，恋爱却可能越谈越疏远。

一份需要长久经营才能有结果的感情可能正是一场"不对"的恋情。恋人们因为个性等各方面的悬殊，而导致彼此之间需要长久的时间去调适。可能是人不对、时间不对、空间不对、年龄不对、心理成熟度不对。越是不对的恋情，越需要长久的时间去经营。两个"不对"的人在一起久了，会演变成一种"习惯"的感觉。习惯有他陪、习惯和他吵架、习惯他的声音、习惯他的脾气……"习惯"磨掉了彼此个性上的尖刺，也掩盖了彼此不适合的事实。这种模式，拖久了也就莫名其妙地变成了"感情"、变成了一种自欺欺人的"虚情假意"。一场恋爱如果谈得太久，谈得彼此之间失去了吸引力、信赖感以及相处的能力，那么爱情就有随时分裂崩塌的可能。

2. 让时间来检验爱

虽说恋爱不应太久地磨下去，但也不应闪电式结婚，一份真爱是经得起时间来考验的。

从前在一个王国里，有位英俊的王子叫爱。爱慢慢长大，到了结婚生子的年龄。国王为了给心爱的儿子选择一位最好的妻子，在全国召集年龄相当的女孩进行挑选。最后，名叫富裕、虚荣、权力、精明、美丽、时间的6个女孩被国王选中，让自己的儿子挑选。

富裕说："尊贵的王子，请您娶我吧，我可以让你拥有无尽的财富，会让我们的生活富足华贵。"

王子看了看富裕，摇了摇头。

虚荣说："亲爱的王子，您娶我为妻吧！我会让您的虚荣心得到极大的满足，会让您高高在上，如飞上天空。"

王子还是摇了摇头。

权力说："王子，请您选择我吧！我会让您拥有至高无上的权力，让您统治天下。"

王子依然没有看中。

精明站了出来说："王子，我可以使您拥有想要的一切，只要娶了我，您想得到什么就可以得到什么。"

王子还是不中意。

美丽走到了王子的面前，展现着自己的妩媚。可是尽管美丽诱人，还是失败而归。

最后只剩下时间一人了，王子看到时间喜出望外，于是选择时间做了自己的新娘。

大家都很迷惑，不懂王子为什么选择了最普通的时间。

国王有个名叫知识的大臣帮大家解开了王子的心事：只有时间才懂得爱，才能理解和体会爱的伟大，也只有时间才能证明真爱。

是啊，只有时间才能够读懂爱，也只有时间才能检验谁是最适合你的人。

3. 别挑花眼错过爱

很多年轻人在选择对象时总是挑三拣四，认为这个长得不帅，那个脾气不好，挑来挑去最后发现自己错过了很多美好的东西。

小丽的男朋友是某机关的副科长，人长得不错，脾气也好。按理说小丽应该很满足，但当局者迷，小丽总嫌男朋友太斯文，没有野性，没有优点。于是小丽毅然与男朋友分手找了一个"古惑仔"类型的，但相处没多久，小丽却发现自己原来并不喜欢现在的男朋友，觉得自己喜欢的是以前男朋友，但此时旧爱已被别的女孩"掠走"。

错过不再来，我们在选择对象时千万不能像小丽那样，失去了才知道后悔已经来不及了。

4. 克服择偶上的自卑心理

还有一些人之所以没有找到理想的对象，是因为他们太自卑，认为自己配不上对方。其实爱情没有界限，过于自卑只能让自己后悔。

选择对象时，相貌、肤色、身高、胖瘦、职业、经济、文化、家庭等都可成为产生自卑心理的因素。克服自卑心理有如下方法：

(1) 要学会保持心理平衡，尽管有忧愁、痛苦，但仍应正确处理好这些情绪变化，不能丧失信心，要善于自我调整。

(2) 要做好心理调节，不要把自己看得太低，也不要把对方看得太高，要对自己做出合理的评价，要常想自己的优点与才干，抬起头来。

(3) 要锻炼意志，摒弃怯懦与意志薄弱的一面，性格开朗，处事大胆，要有不屈不挠的精神。

(4) 要扬长避短，"金无足赤，人无完人"，如能避己之短，扬己之长，就容易取得成功。

第二节　何时结婚，由你做主

印度大诗人泰戈尔曾经告诫我们："爱情不要等到年纪大了才考虑。早晨的歌声，到中午再听，就显得索然无味。"结婚也是如此，要选择正确的时间。

结婚，人生完美的必经阶段

许多年轻人恐怕都谈婚色变。他们不知道为什么要结婚，还有人认为结婚是作茧自缚，对婚姻的迷茫让他们打定做单身贵族的念头。其实一个人生在世上，他要寻找许多东西，其中，爱情和家庭是必不可少的，幸福的婚姻是完美人生的一部分。

有一个古老的传说：在很久很久以前，人完全不是现在这个样子。当时世界上没有男人女人之分，当然也没有家庭问题和夫妻冲突。那时，在世上生活和繁衍的都是两性人。这种男女同体的人个个长相俊美、气质优雅，聪慧仁慈，而且都有神奇的魔力。有一次，主神宙斯发现了这些两性人，生怕他们的力量愈来愈强大，有朝一日会威胁到天上诸神的安全，便把这些两性人都劈成两半，搅乱之后撒到世界各个角落。结果，从那时起，人出于本能一直在寻找自己的另一半，有时要找上一辈子，如果找不到，就会痛苦终生。

虽然这只是神话，但却说出了这样一个道理：没有完美的爱情，就不会有完美的人生。一个人要想做出一些有价值、有意义的事情，就应该首先有一个安身立命的场所，这是一切幸福的基础和前提，也是人性中固有的追求和需要。我们不能想象：一个在爱情上失败的孤家寡人、一个没有幸福家庭单打独斗的人、一个缺乏爱和温暖的人，能够在社会上做出多么伟大的事业和成就来。

著名的哲学家苏格拉底娶了一个非常凶悍的妻子，当时人尽皆知。

有一天一名学生来向他请教说："老师，我想要成家，但实不相瞒，看到您的处境，我实在没有足够的勇气结婚，您说这该怎么办呢？"苏格拉底说："无论你是想结婚还是抱独身主义观点都无所谓，只要是选择自己所喜欢的路去走就对了。"这名学生听了老师的话后满意地点点头，正要转身离开的时候，又听到苏格拉底从背后传来一句："反正不管走哪条路到最后都是会后悔的。"这位学生一听立即又转身回来，不解地问道："老师！您不如明说好了，究竟是结婚好，还是不结婚好？因为我实在弄不懂您刚才所说的话。"苏格拉底说："结婚是绝对必要的，假如你娶到贤妻便会得到幸福，如果不幸讨到一个恶婆娘，则可以成为一位哲学家。"

苏格拉底的话很风趣，结婚后我们可能会有很多烦恼，但婚还是要结的。

马斯洛认为人类有 5 个层次的需要：一是生理上的需要，这是人类维持自身生存的最基本要求，包括饥、渴、衣、住、性方面的要求。二是安全上的需要，这是人类要求保障自身安全方面的需要。三是归属感的需要，这一层次的需要包括两个方面的内容，一是爱的需要，人人都希望得到爱情，希望爱别人，也渴望获得别人的爱；二是归属的需要，希望成为群体中的一员。四是尊重的需要，人人都希望自己有稳定的社会地位，要求个人的能力和成就得到社会的承认。自我实现的需要，这是最高层次的需要，它是指实现个人理想、抱负，发挥个人的能力到最大限度，完成与自己的能力相称的一切事情的需要。我们可以看到，这五种需求的实现，是一种逐级升高的顺序，一种递进的关系，不能满足比较低级的需要，就会影响一个人对更高目标的追求。这些需要的实现，都离不开家庭的支持，都需要稳定的感情生活做基础。否则，别说是自我实现的价值，就是生理、安全和感情方面的需要也达不到。

婚姻是人类必需的，所以我们要结婚，并且要正视婚姻。

1. 不让你再痛

俗话说：没有规矩不成方圆。没有婚姻这道栅栏，外人的侵入和里面人的出走谁都无能为力，也不需要交代理由，方便倒是方便了许多，但在这潇洒的背后是心灵的痛苦和伤心的泪水

有谁统计过试婚的成功率是多少？试婚的婚姻是不是就比不试婚的婚姻幸福得多，坚不可摧？试婚的期限又是多长？

有一个叫玲玲的女孩子，16岁就跟男朋友同居了，男朋友在一个机关开车，每次看到他们相拥着出双入对的时候，谁都可以感受到她的快乐和幸福，因此玲玲多次打胎而毫无怨言，还努力找事做，给男朋友穿好的，用好的，全心地付出。但当她得知男朋友要搬走与另外一个更年轻的女孩子同居的时候，那已经是他们第8个同居纪念日。她欲哭无泪，割腕自杀，幸亏被房东及时发现，救回了一命。但玲玲从此一蹶不振，整个人瘦得像具骷髅，悄悄地去了南方打工，再也没有人见过她。

谁的青春经得起8年的蹉跎？谁的心又经得起这无情的一击？

如果没有试婚，而是结婚，在婚姻这道栅栏里，法律会还你一个公道。如果你在心中扎起婚姻的栅栏，你将永远不会再受这样的痛。

2. 让你有时间幸福

有一对结婚才5天的小两口要离婚，理由是男的打呼噜，女的5个晚上都没睡好。

法官给他们两条建议：

（1）回去的路上给女方买个耳塞。

（2）男方加紧治疗，一年后如果治不好，再来离婚。

结果，3年过去了，也没见他们来离婚。有一次，法官在一个公园被小两口叫住了，法官高兴地看到他们已经有了一个可爱的小女孩，问道："打鼾治好了？"男的摇摇头。问女的："那是你习惯带耳塞了？"女的也摇摇头，羞红了脸。

最后，男的告诉法官："开始她还带了几天耳塞，但不习惯，就死活不带了。这样她只得硬着头皮听。谁知时间长了，不仅习惯了，而且还上了瘾。"

上个月我出差了半个月，回来后她一个劲地抱怨我说："晚上没有那独特的呼噜声怎么也睡不着，人因此瘦了一圈。"

所以，结婚还是必要的，它可以让你认清自己，珍惜爱人。

行船一定要有避风港和加油站

没有目的地的小船注定要漂泊，即使历经风吹雨打，也无法得到安抚与关怀。人生也是如此，没有家庭我们便找不到栖息地，在外滚打跌爬，回家却面对徒墙四壁，此时心情是多么悲凉啊。如果把事业的道路比喻成一次远航，那家庭就是航船的避风港和加油站。在狂风大作的时候，可以进港休整；在给养耗尽以后，加油站是最好的补给之地。家是能让你真正放松的地方，而伴侣，是你在这个世上最可靠、最信任的人。

事业往往要靠一生的时间去打拼，这恰恰说明了成就事业的艰辛和困难。没有人可以随随便便地取得成功，也没人能轻易地实现人生的最高目标，要想在社会上取得一定的成就，就必须要做好长期和艰苦的准备。这一点许多人都清楚，也都有相应的心理准备。但是，如果没有稳固的感情和家庭，这一过程将会更加艰辛和漫长，甚至最后成为一场空想，这一点也许有人还没意识到。并且，现在社会上还出现了这样一种现象：有些人把婚姻和家庭当作负担和累赘，认为家庭是事业发展的障碍；或者觉得工作压力太大，无力承担婚姻所带来的责任，还不如自己独来独往更轻松。这些都是错误的观点。

如果你拥有这样的想法，就说明你还没有真正认清婚姻和家庭的作用。一个人成熟与否，就要看他在社会和家庭中的表现。不能妥善处理家庭关系和感情问题的人，必定不会在社会上有优异的表现，也不可能处理更加复杂的事业问题。另外，建立家庭、维系感情的过程就是一个人学习生活本领的过程。在这个过程中，人可以学习种种为人处世的道理，可以学习沟通协调的能力，可以掌握发现问题、解决问题的能力。这些道理和能力，完全可以在事业中运用。如此看来，建立家庭是非常必要的事情。

婚姻不是围城，如果你视婚姻为枷锁，你就会失去心灵的自由；不要把家庭当作累赘，如果你把家庭看成牢笼，你就会永远背负上负担。家是你进退周旋的根据地，是你败到哪怕一无所有仍有希望东山再起的大本营。日本的"经营之神"松下幸之助曾经讲过："我的家庭是我这一生最保险、回报最高的一项投资。"人生充满艰险，创业的路途上更是困难重重。所以，一个知心的伴侣会给你别人无法给予的东西，那就是——信任、赞赏、依赖、尊重和永无穷尽的爱与支持。

家庭对人的事业有什么作用，对人的一生究竟有多重要，请听听美国首任华裔州长骆家辉的心声："我如果继续竞选州长，相信依然有获胜的可能，但我做出放弃连任竞选的决定，这是为了我的家庭，我有太太和一儿一女，他们给了我很多欢乐和支持，接下来我觉得应该多陪陪他们，家庭对我来说，比别的一切都重要。"

最佳时期，错过不再来

婚姻是事业的保障，如果你对自己的未来充满了期望，那么你就应该选择适当的时机，解决自己的婚姻大事。

小付是一个事业心较强的人，他整日为了工作、前途而奔波，几个女朋友都因忍受不了寂寞而相继离去。现在名利双收的小付在谈到自己空白的感情生活时，沮丧地提到：

小方是我的好朋友中第一个结婚的人，接着，一年之内，阿黄和大庆也都携自己的女友步入了婚姻殿堂。在这一年里，周围的人都在为准备新家、筹备婚礼而忙忙碌碌，只剩下我还孑身一人。

结婚请帖接踵而来，伴随请帖而来的是同伴们关切的目光，"你什么时候结婚啊？"这时候，我才感觉到一个人的孤独，没有家庭的自己感觉很无助。

并非只有女人才需要家庭的寄托，男人也是如此。出于情感上的需求，甚至超过了生理上的需求。

在每一个男人的内心深处，都希望能和一个女人一起慢慢变老，让她见证你将军肚的出现、皱纹的肆虐以及头发的掉落而依然认为你魅力无穷。

而我在事业小有成就之时，并在参加了朋友们的婚礼之后，也领略了许多人生道理。围城之外的我并不是害怕再也不能融入这个已婚圈子，而是当周末的时候，再也不能呼朋唤友去酒吧 HAPPY 时，感觉到了一丝恐慌。

所以，如果，上天再给我一次机会，我会认真地恋爱，然后结婚。

小付的经历告诉我们，事业固然重要，但婚姻也同样重要。一个没有婚姻的人，即使事业有成也感觉不到幸福快乐。所以，我们要适时结婚，莫等到错过才知悔恨。

那么什么时候是结婚的最佳时期，是早一点，还是晚一点呢？不同的人有不同的情况，有人觉得应该早结婚，认为早结婚有以下好处：

1. 有更多选择

如今离婚率节节攀升，让早婚者有了更多机遇。早结婚，倘若遇人不淑导致劳燕分飞，所幸青春未逝，尚有机会拨乱反正，否则年老色衰，再嫁也难。

2. 省钱、省时

恋爱消费绝对是个无底洞，就说这打的的钱吧，如果一个住城西，一个住城东，半夜送女朋友回家，一来一去，几十块钱就没了。还有蹦迪、泡吧、下馆子，在婚后看来，全都是些无谓的浪费。还是住在一起比较经济实惠，但同居是万万使不得的。那就干脆一步到位结婚吧，省下一大笔钱，用在哪里不好呢。玫瑰花买很多也没什么好看的，还不如炖一锅排骨汤实惠呢！

3. 糊糊涂涂更幸福

趁着热恋得头昏脑涨还没缓过来，一嫁百了。万一等到年岁增长，智商回升，发现相恋男友其实一无是处，而身边男人更是个个面目可憎，还不落入绝望的深渊？越清醒，越痛苦。不如趁着年轻不懂事，糊里糊涂地嫁掉，即使日后发觉大错已铸成，反正孩子抱着，日子过着，也无所谓好坏了。

4. 齐家方能治天下

结婚以后，自会发奋工作。犯不着再求之不得，辗转反侧。在国外，已婚的人反而更容易找到工作，也更容易被提升。因为老板认为结了婚的人更稳定，更有责任感。谈恋爱本是费时伤神之事，何不省下这份精力，事业自能如虎添翼。女孩子若能早早生完孩子，日后便可一劳永逸，大大减少被炒鱿鱼之忧虑。想象一下那些老大不小，担心自己主管职位不保而不敢结婚生子的白领吧，骑虎难下，确实很惨！

细数下来，早嫁人竟有这么多好处。这也难怪天才的张爱玲早就劝人们：嫁人要趁早啊，嫁得太晚的话，快乐也不那么痛快。

这只是个别人的看法，其实太早结婚，各个方面都不很成熟，生活经验少，往往会使夫妻感情不和，甚至还可能导致离婚。专家们认为男性在29岁的时候结婚是最好的，而女性则是24岁。

晚婚的好处和优势则更多地考虑生理和心理方面。

从生理上讲，二十几岁的青年，身体发育刚刚进入成熟期，一般要到23岁至25岁才能完全发育好。如果很早就结婚，不仅会阻碍这些器官的发育，还会给身体带来损害。

从心理上来说，晚一点结婚，双方随着年龄的逐渐增大，都会变得成熟，生活及社会经验多了，处事也不再浮躁，为婚后的夫妻生活及家庭生活都会带来很大的好处。

晚一点结婚也可以对对方更多一些了解，这也是很必要的，而且还可以多做一些自己喜欢的事情。因为，结婚后即使家庭关系处理得再好，也会被家庭占去很多的时间和精力，不可能像以前那样把心思全部放在工作和学习上。

虽然如此，但并不是说结婚越晚越好，人毕竟不能违背生理规律和自然规律而行事，总不能让一对恋人到头发花白的时候才走进婚姻殿堂吧？

萝卜白菜，各有所爱。结婚也是这个道理，早结婚还是晚结婚，不同的人有不同的想法，适合自己的才是最好的。

全面考虑，做好准备

结婚是人生无数选择中的重中之重，所以在结婚前，我们要做好充分的准备。

一提起婚前准备，人们就想到新房、新衣和新家具之类的物品，它们准备齐全了，就意味着一切准备就绪。其实这仅仅是准备了一半，因为，结婚不仅要做必要的物质准备，还应做心理准备，也叫精神准备。

只要细心地观察一些新婚夫妇。不难发现，许多心理准备充分的小夫妻，婚后生活比那些单纯只做物质准备的小夫妻幸福得多。为什么会这样？因为婚后的夫妻生活与恋爱中的恋人相处是大不相同的，天天要与油米酱醋盐打交道，生活中也会遇到许多意料不到的麻烦，两个人对众多事物的看法和做法也不会永远一致，矛盾会不时发生。因此，在婚前缺乏这方面的准备，就很可能使新人们大失所望，甚至会导致夫妻感情的破裂。所以，每一对恋人在决定终身大事时，都应该着手进行婚前心理准备。

(1)要摆脱对婚后生活的幻想，期望不可过高，不要期望爱人完美无缺，蜜月比蜜还甜。新家庭的诞生就意味着负担的加重，意味着自己要尽到做丈夫或妻子的责任。要知道，婚后生活的甜美是用自己甘愿为爱人吃苦受累而换来的。这要求恋人们在婚前就要有为爱人、为未来小家庭甘心吃苦受累的决心，要有对爱人的缺点、毛病宽容和谅解的准备。

(2) 要做好适应新生活的心理准备。婚前就应想到婚后生活的各个方面都会发生显著的变化，不仅是与爱人在一起，还有他（她）的亲人和朋友，要学会与他们相处。在婚前就应该创造条件去认识和熟悉那些应该认识的人，以免婚后会因许多陌生人闯入自己的生活而感到紧张。

(3) 男女双方应该进一步加强相互之间的了解，加深感情和理解，这是最重要的婚前心理准备。这项准备若不充分，其他准备再完备也不能保障婚后生活的美满。某市法院近两年内审理了126起结婚不到3年就提出离婚的案件，其中竟有77对是双方相识相处不到半年就匆忙结婚的"短、平、快"婚姻。分析其原因，这些失败婚姻的症结就在于婚前缺乏必要的了解和心理准备，这很值得每一对恋人深思。

结婚要做好充分的心理准备，不能草率行事，下面告诉大家几个错误的结婚理由：

第1个错误的结婚理由——降格以求，为结婚而结婚。

第2个错误的结婚理由——为了逃离家庭。

这是女孩子经常会犯的错误。为了脱离不快乐的家庭，或者逃避管束，向往自由，女孩子经常会借结婚来达到目的。其实，这是一种虚幻式的假独立。盲目的结婚不过是由一个火坑跳进另外一个火坑。飞出自己的家，认为结婚是更换一种生活方式，开始崭新的生活，其实这都是幼稚的想法。

第3个错误的结婚理由——奉儿女之命。

你会感到讶异，尽管避孕这么方便，此事发生的频率依然很高。

第4个错误的结婚理由——违父母之命。

谁也不能否认爱情的魔力，但不管是父母认为子女太年轻也好，还是认为子女选择的爱人不适当，都可能引起强烈的逆反心理。尤其是具有叛逆性格的当事人，往往更会为了反抗而反抗。不过，要提醒你的是，这却可能是反抗父母主张最危险最糟糕的一次。

第5个错误的结婚理由——找个有钱人。

女人找座金山来靠，谁能说不好呢？一切向钱看，尽管求财得财，只怕其他方面未必如意。

第 6 个错误的结婚理由——只为了他是帅哥。

俊男美女人人都爱，美貌的威力所向披靡。只是除了美貌，其他必备条件都不考虑，可就成了大悲剧，而且外貌的折旧率很高。

第 7 个错误的结婚理由——为了性。

女性更容易成为性的受害者。男人常常娶的并非心目中的最爱，而是用上床来牵制他们的女人。

第 8 个错误的结婚理由——因为寂寞。

现代人天不怕地不怕，就怕寂寞。男人女人就这样因为寂寞而纠缠下去了。宁愿争吵，也觉得胜过孤单一人。但事实上他们也没有得到真正的幸福。

第 9 个错误的结婚理由——寻求安全感。

安全感这东西，除了自己给自己，别人是给不了的。想想看，原来情愿给你倚靠的肩膀，现在又不情愿了，你又能怎么办？

第 10 个错误的结婚理由——摆脱单身。

许多女人还是不相信晚婚和不结婚都可以是一种成熟的选择。生理时钟的催促、社会压力、惧做高龄产妇等因素，都会让人为了打破单身情况而结婚。

第 11 个错误的结婚理由——想当新娘。

有的人把结婚当作节目，化妆、拍照、宴客，不仅新鲜有趣，而且圆了新娘梦。却不知很多人都只当了一日的公主。

第 12 个错误的结婚理由——恋爱必须结婚。

其实，恋爱不一定要结婚。现代人的一生都有许多次的恋爱机会，像珍珠一样，每一颗都自有其圆满和风华。

第 13 个错误的结婚理由——因为年龄。

真正的爱是不会因为你的年龄来决定你的幸福的。如果因为年龄的问题没有好好选择一位可以与你在生活、性格、心灵各方面契合的另一半，你很可能以后会过着无趣的生活。

第三节　幸福生活，从心开始

真爱需要等待，婚姻需要经营。如果你想要拥有美满的婚姻、幸福的生活，那么你必须以正确的方式来对待二人的感情生活。

别把对方的付出当作理所当然

爱情是两个人的事情，它是对等的，需要双方共同经营、共同付出。如果你把对方的疼爱、忠诚、宽容当作理所当然，那么你的爱情不会有结果，也不会有幸福。

在很多人的眼里，爱是一个非常崇高且无私的东西，它就像春天花草的芳香、夏天烈日的热度、秋天累累硕果的甘甜、冬天白雪的纯净，不带有一点杂质。他们总是觉得爱是需要绝对的奉献和牺牲的，是一种彻底的情感交流，是双方彼此交融在一起不分彼此的共同体。这是错误的观点，爱不是一个共同体，而是一个独立的个体，它是对等的，是需要双方共同经营的。虽然彼此间的付出是应该的，但又不是理所当然的。如果把对方的付出看成理所当然，那就会掉进爱情的坟墓，对方便会舍你而去，你们的爱情也就走到了尽头。

20 世纪 70 年代，一对男女相恋了，女的家境殷实，男的却因成分问题被下放到一个小山村去"学习"。为坚守这段爱情，女的不顾家里的反对，甚至不惜断绝关系，毅然跟随男的到偏僻的山村吃苦受累。

半年的时间里，两人相安无事，接下来的中秋节，乡里给来下乡锻炼的住户每人分了一个月饼。当分到他们家时，恰巧男的收工在家，女的还没回来。那个年月，月饼是多么难得一见的宝贝啊，男的在油灯下摸索着分来的两块不大的月饼，想要等女的回来一起吃。时间一分一秒地过去了，男的觉得时间如此难熬，饥饿难忍，心想先把自己的那块儿吃了吧，不等她了。于是三下五除二，一块月饼顷刻成了他的腹中之物。那是块儿多么香的月饼啊，厚厚的什锦馅、薄而脆的黄油皮儿，在灯光下闪着诱人的光辉。谁都无法想象，他的内心甚至没经过几次斗争，就毫不犹豫地将女人的那块月饼也吃了。谁知这时女人回来了，她听说中秋节分月饼，兴冲冲往回赶，想要和男人一起吃月饼过中秋，可推门看到的却是男人如狼似虎地吞咽着那块儿属于她的月饼。女人背上的锄头落在了地上，随之而落下的，还有女人的心。

第二日，女人就卷铺盖回了城。家人多么沉痛的劝阻、乡下那么难熬的生活都没有磨灭女人对爱的坚持和守候，而一块儿小小的月饼却办到了。

认为另一半的付出是理所当然的人，是自私的人。

恋爱中的人有时候会很盲目，容易分不清方向和对错，如果一个以自我为中心的人走进爱情，他很可能依旧我行我素，容易变得自我。一个以自我为中心的人，不会爱别人，也不会为别人着想，更不会激励对方成长，这样的人在当今社会不在少数。

他们在情感上会很苛刻，爱与幸福似乎与他们无缘，因为他们要求整个地球围着他们转，然而地球有自己转动的方向。他们不会在爱中发现自我，因为他们不把对方当作对象，而是当作控制的俘虏，他们不会在爱中成长，因为他们不会从对方身上吸收营养，而是向对方施展魔法。

把另一方的付出视为理所当然时，你就会把对方当作自己人了，会压制对方各种享受自己生活的权利。而实际上维持爱情，双方必须是平等的，谁都不可能成为另一方的附属物和牺牲品。既然双方是平等的，我们就要学会尊重，尊重对方的存在和对方的一切独立因素。这才是真正的爱情赖以存在的基础，认为另一半的付出是理所当然的最根本的原因就是彼此不尊重。

尊重就要相敬如宾，这里没有"牺牲"、"奴隶"、"暴力"，只有"理解"、"关怀"、"爱慕"。

正如美国人纳撒尼尔·布拉登在《浪漫爱情的心理奥秘》里的描述：受到爱侣的尊重，我们就会感受到一种理解和被爱，感受到彼此的心心相印，从而不断地增强我们对爱侣的爱慕之心。也许尊重让我们心灵坦然、释怀、心胸宽广。尊重让彼此的心挨得更近，更加从容地面对一切的挑战，生活也就明朗而灿烂。

我们如何不再视另一半的付出是理所当然的，关键在于我们要懂得如何去经营爱情。

爱情之路是一个漫长的旅程，它不是静止不动的。真正的爱情就像温室里的花草一样娇柔，刚开始当两个人热恋时，感情热烈得就要把彼此都燃烧了，但是时间一长，冷却的爱情却需要彼此都很真诚地去维系与经营，需要我们精心地呵护和培植，爱情才不会变质。所谓经营爱情就是说恋爱双方对爱情要进行投入产出，要不断更新和发展这个胜利果实以保持双方的亲密度，这种经营不仅是指物质上的，更多的还是强调精神上的，培养共同的兴趣、爱好，营造良好的家庭氛围等等。爱情是互相感动的两情相悦，是男女之间从心底深处发出的欢喜和快乐。爱情是需要经营的，在经营中建立更深厚的爱情。

每一天都有很多的事情等着我们去应付、关心和注意。也许你会觉得招架不住，事实上，你的时间、精力、情感，愿意为谁付出，为什么事付出，决定权都在于你。只要你愿意，你可把另一半和你的关系摆在第一位。只要你愿意，以你的创造力可以更好地培养和呵护你们之间的感情，发展你们之间的关系，这样你就不会再把另一方的付出看成理所当然，你们的关系也会日益加深。

忠于爱，接受爱的考验

有人说爱情是虚无缥缈的东西，时间的推移、空间的距离会将其冲淡，最后留下来的只有回忆。然而，事实上真爱是经得起时间的考验和磨砺的。只有忠于自己的爱，并接受爱的考验，才能到达爱的天堂。

实践是检验真理的唯一标准，那么时间是考验爱的重要武器。

爱情的伟大不是它能给予人多少财富和权力，爱情的伟大不是精明的人能够设计出来的，爱情的伟大也不是美丽所能给予的，爱情的伟大是在时间的考验下，在点点滴滴中慢慢积累出来的。尽管瞬间的爱情也很动人，但是激情过后的平淡中的爱更加美丽。

只是我们大多时候对于爱情急于求成。我们如同生活在炼狱中的可怜的人，在虚伪狡诈和自私中徘徊，又有多少人能忠于自己的爱并通过时间的考验，到达爱的天堂呢？

真正的爱是富贵、权力、精明、美丽所不能给予的。深邃的爱是经得起时间的考验和磨砺的。

爱，不仅在今天，更在明天；爱，不仅体现在美丽时的相伴，更体现在衰老后的携手；爱，不会因为贫穷而疏远；爱，不会对权力妥协；爱，不是精明所能够维系的；爱，不是一句空泛的话语；爱，让皱纹也变得美丽。

有这样一个故事在年轻人中间已经流传了很久，并不断地被提起，不断地被回味：

纽约中央火车站询问亭上的时钟告诉人们，现在是 5 点 54 分，高个儿的青年中尉仰起他被太阳晒得黝黑的脸，眯缝着眼睛注视着这个确切的时间。他的心剧烈地跳动，再过 6 分钟，他就能看到 13 个月以来一直在他的生活中占有特殊地位的那个女子了。虽说他从未见过她一面，但她写给他的文字却给了他无穷无尽的力量。

勃兰福特中尉尤其记得战斗最激烈的那一天，他的飞机被一群敌机团团围住了。

他在信里向她坦白承认他时常感到害怕。就在这次战斗的头几天，也收到了她的回信："你当然会害怕……勇敢的人都会害怕的。下一次你怀疑自己的时候，我要你听着我向你朗诵的声音，纵使我走过死亡笼罩的幽谷，我也一点不害怕灾难，因为你同我在一起。"

他记住了，这些话给了他新的力量。

现在他可要听到她本人的说话声了。再过4分钟就6点了。一个年轻姑娘擦身而过，勃兰福特中尉心头一跳。她带着一朵花儿，不过那不是他们约定的红玫瑰。而且，她说过，她已经不年轻了。

他想起他在训练营里念过的那本书——《人类的束缚》，整本书写满了女人的笔迹。他一直不相信，女人能这样温柔体贴地看透男人的心。她的名字就刻在藏书印记上：贺丽丝·梅妮尔。他弄到一册纽约市电话号码本，找到了她的住址。他写信给她，她回了信，翌日他就上船出国了，但是他们继续书信来往。

13个月里她都忠实地给他回信，没有接到他来信的时候，她还是写了信。现在呢，他相信了：他是爱她的，她也爱他。

但是她拒绝了请她寄赠照片的要求，她说明："要是你对我的感情是真实的，我的相貌就无关紧要。要是你想象我长得漂亮，我就会总是摆脱不了你心存侥幸的感觉。我憎恶这种爱情。要是你想象我长得不好看（你得承认这是更有可能的），那么我会老是害怕，害怕你之所以不断给我写信，不过是因为你孤零零的，没有别的选择罢了。不，别要求我给你照片。你到纽约来的时候，就会看到我，那时你再做决定吧。"

再过1分钟就是6点了……猛吸一口香烟，勃兰福特中尉的心情更紧张了。

一个年轻女子正朝他走来。她高高的个儿，亭亭玉立，淡黄色头发一卷卷地披在她纤柔的耳朵后边，眼睛像天空一样蓝，她的嘴唇和脸颊显得温柔沉静。她身穿淡绿色衣服，像春天一样活泼轻盈地来到人间。

他迎上前去，没注意到她并没戴什么玫瑰。看到他走来的时候，她嘴角露出一丝挑逗的微笑。"大兵，跟我争路走吗？"她喃喃地说。

他朝她再走近一步，就看到了贺丽丝·梅妮尔。

她站在这位姑娘后边，是一个年过40的妇女。她就快变白的头发卷在一顶残旧的帽子下面。她的身体长得过于丰满，一双肥厚的脚塞在低跟鞋里。

但是，她戴着一朵红玫瑰。

绿衣姑娘快步走开了。

勃兰福特中尉觉得好像被劈开了两半似的，他追随那位姑娘的欲望有多么强烈啊！然而，对这个在精神上曾经真挚地陪伴和激励过他的妇女，他的向往又是何等的深沉。她就站在那儿。他看得出来，她苍白、丰腴的脸是温柔贤惠的，她灰色的眼睛里闪烁着温暖的光芒。

勃兰福特中尉当机立断，他手指抓紧那本让她用来辨认的《人类的束缚》。这虽不是爱情，却是更可贵的东西，是他曾经感激过，而且必定永远感激的友谊。

他挺直肩膀，行了个礼，把书本伸到这个妇女面前，然而就在他说话时候，他感到了失望的苦涩。

"我是约翰·勃兰福特中尉，你呢——你是贺丽丝·梅妮尔小姐吧？见到你，我很高兴，我——可以请你吃顿饭吗？"

她咧开嘴宽厚地微笑着，"真不明白这是在干什么，孩子。"她回答说，"穿绿衣裳的那位年轻小姐，她要求我把这朵玫瑰别在衣服上。她还说，要是你请我同你到什么地方去，我就告诉你，她在街那边的饭店里等你，她说这多少是个考验。"

当爱情面临严峻考验的时候，你是否也能像约翰·勃兰福特中尉那样，用真诚换回真挚的爱情？

年轻的你要尝试经受一次爱情的考验，这种体验惊险刺激而又不失浪漫。

你能在大雨里捧着花在她家门前等待吗？你能在成千上万人的海滩上认出她泳衣的颜色来吗？你能在众人的眼光里坦然地为她洗袜子吗？你能在大难来临时紧紧握住她的手吗？多少爱情，只有彩虹，没有风雨；多少人生，只有快乐，没有痛苦。爱的时候，谁都会说："你是我的永远！"

可是到了危难的时候，又有谁能够做到再牵住对方的手，牵着那份曾经的爱呢？

爱情不是永远美丽的容颜，也不是随随便便地说永远，真爱是雨后的彩虹，是经过了痛苦磨砺之后含着泪花的笑容。你是一个感情专一的人吗？当虚荣心向你的爱情挑战之时，你还是那个能够忠于爱、能经受住爱的考验并永远守候真爱的人吗？

给爱一个坚实的承诺

随着时间的推移，爱情的魔力会逐渐减退，许多曾经山盟海誓的人会在悲伤和痛苦中劳燕分飞。这也让很多人不相信爱情，不相信承诺。其实当爱情来临的时候给爱一个坚实而有力的承诺，这是恋人最渴望的礼物。承诺虽然犹如镜中花、水中月，但它能给你的真爱注入一股生机与活力。

王莉聪慧美丽，她带着家乡青山绿水赋予她的灵性，人也长得灵秀婀娜，像出水芙蓉般清纯可人。她从小就有个愿望，那就是走出大山实现自己美丽的梦想，然而青春萌动的时候她爱上了一个叫大海的男生，大海是她的同学，他们一前一后相邻而坐，大海个头矮坐前面，王莉坐后面，他们学习一样用功，志向相同：考上理想的大学，实现自己的梦想。

然而，王莉把持不住内心涌动的情感，她深深地爱上了眼前的大海，虽然她努力克制自己如山洪般奔涌的情感，但最后她还是向大海表明了自己的爱意。这个男生没有拒绝她，因为他也对她倾慕已久，他们很自然地相爱了，像所有相恋的男女一样，他们亲密无间，但无论如何这也是早恋。大海是班长，在同学们中间有着很高的威望，而且他成绩优异，最主要的是他拥有王莉这么可爱美丽的姑娘，同学们对他很是羡慕。大海也因此而深感自豪，很多对王莉有好感的男同学也只有遗憾的份了。

他们互相学习、互相激励，学业并没有因为相恋而荒废，相反，倒成了他们相互激励的主要动力。他们是那么的倾慕对方，渴望通过努力给对方一个真实幸福的未来，他们努力着，幸福快乐着。王莉的成绩也提高得很快，好朋友们都羡慕地称他们是比翼双飞。他们也盼望着好日子快一点到来，能和心爱的人长相厮守，但他们的内心仍充满了恐惧，害怕高考失败，害怕美丽的梦会破灭，所以他们学习一直很努力。

　　然而，造化弄人。王莉被北京的一所名校录取了，而大海却只考上了省重点的一所大学。从那一刻起，大海就意识到他将永远失去王莉了，这个忠诚可爱的姑娘却无论如何也不曾想到这个深爱自己的男子正一步步离她而去。虽身在北京的重点大学，但她的校园生活一点都不精彩，她每天除了教室、阅览室就是宿舍，没有了爱人的身影，她的大学生活过得很是乏味。她将这种单调和苦楚埋藏在内心深处，而在给大海的信中却热情洋溢，她越是把生活描摹得快乐丰富越令大海担心，他担心多愁善感的王莉会爱上别的男子，这种担心一直折磨着大海的灵魂，他多么渴望王莉能给他一个承诺，告诉他毕业后一定会回到他的身边来，然而王莉没有给他承诺，她只想用自己的行动来表达自己的忠贞，可是……

　　那一年的冬天雪下得特别大，王莉回家过年时没有见到大海，大海躲开她去了学校。一向热情主动的大海忽然之间变得如此冷漠，这让王莉难以接受。她不惜放弃自己的矜持，等待心爱的人能够回心转意。然而，大海没有回头，他回避王莉对他的思念，选择了放弃。

　　不言分手的爱情苦煞人，王莉在对大海的等待中消耗了自己的青春。很多男生向她献殷勤，她都断然拒绝了，她固执地认为大海一定会回心转意的，因为她一直坚信他们纯真的爱情。她等到毕业也没有等到心爱的人的消息，她决定千里迢迢去他所在的学校去找他，他不许。王莉的心冷到了极点，她与大海就在不言中分了手，他们的感情就在没有相见的情形之下做了遗憾的终结。

　　这是一个凄美的爱情故事，主人公王莉在总结自己凄美的爱情时说，是因为没有给大海一个承诺，让他把握不住这种真实，致使他选择了放弃。显然，这也是情理之中的事情。

所以，当爱情的幸运之神来临之时，我们要给爱一个坚实的承诺，这样才能让爱永留。

爱，是甜蜜的，同时又是酸楚的，所以爱是一种心酸的浪漫。如果你正经历一场纯真的爱恋，那你应该许下你的承诺，而且还要尽量让你的承诺坚实有力。不要羞于表达，如果你的心追随着他（她），就要对他（她）许下你坚实的爱的诺言。

对自己的爱情负责

有一句歌词是这样的"爱是种责任，给要给的完整"，的确，爱情是彼此的责任，我们每一个人都要对自己的爱情负责。

真爱，是一曲不老的赞歌，千百年来一直在人类的心灵上空悠扬地吟唱。真爱，注定是人们心中最热切的那一份呼唤和渴望。特别是在越来越缺失真挚感情的今天，特别是在许多感情都变得错综复杂的今天，"真爱"仍会触及人们内心最柔软的部位。许多人都在经历了种种复杂的情感折磨后，更加呼唤真爱，更加渴望拥有真爱。真爱，在任何时候都有其存在的价值和意义。

下面的这个故事，就让我们感受到了真挚爱意的可贵和不可战胜的力量。

小马和小张结婚时家徒四壁，除了一处栖身之所外，连床都是借来的，更不用说其他的家具了。

然而小张却倾尽所有买了一盏漂亮的灯挂在屋子正中。小马问她为什么要花这么多钱去买一盏奢侈的吊灯，她笑笑说："明亮的灯可以照出明亮的前程。"他不以为然地笑她轻信一些无稽之谈。

渐渐地，日子好起来了。两人搬到了新居，小张却舍不得扔掉那一盏灯，小心地用纸包好，收藏起来。

不久，小马辞职下海，在商场中搏杀一番后赢得了千万财富。像很多有钱的男人一样，小马先是招聘了个漂亮的女秘书，很快女秘书就成了他的情人。之后小马开始以各种借口外出，后来干脆就夜不归宿了。小张劝小马，以各种方式挽留小马，均无济于事。

这一天是小马的生日，妻子告诉小马无论如何也要回家过生日。小马答应着，却想起漂亮情人的要求。犹豫之后他决定先去情人处过生日后再回家过一次。

情人的生日礼物是一条精致的领带。小马随手放到一边，这东西他早已拥有太多。半夜时分小马才想起妻子的叮嘱，急匆匆赶回家中。

远远看见寂静黑暗的楼房里有一处明亮如白昼，他看出来正是自己的家，一种遥远而亲切的感觉在心中升起。当初小张就是这样夜夜亮着灯等他归来的。

推开门，小张正泪流满面地坐在丰盛的餐桌旁，没有丝毫倦意。见小马归来，她不喜不怒，只是说："菜凉了，我去再热一下。"

小马没有制止她。因为他知道她的一片苦心。当一切准备就绪之后，她拿出一个纸盒送给他，是生日礼物。他打开，是一盏精致的灯。小张流着泪说："那时候家里穷，我买一盏好灯是为了照亮你回家的路；现在我送你一盏灯是想告诉你，我希望你仍然是我心目中的明灯，可以一直照亮到我生命的结束。"

小马终于动容。一个女人选择送一盏灯给自己的男人，包含着多少寄托与企盼啊！而他，愧对这一盏灯的亮度。

小马最终选择了妻子，放弃了情人。因为小马明白了爱是一盏灯，不管它是否能照亮你的前程，但它一定能照亮一个男人回家的路。因为这灯光是一个女人从内心深处用一生的爱点燃的。

才女张爱玲写过，也许每一个男子全都有过这样的两个女人，至少两个，一个是红玫瑰，一个是白玫瑰。娶了红玫瑰，久而久之，红的变了墙上的一抹蚊子血，白的还是"床前明月光"；娶了白玫瑰，白的便是衣服上的一粒饭黏子，红的却是心口上的一颗朱砂痣。

一个欧洲男人病危，他让医院通知两个女人。一个是他的情人，一个是他的妻子。两个女人一前一后进了屋。

见到情人，男人的眼睛为之一亮。他慢慢地从贴身的衣服里，掏出一个电话本，然后从里面摸出一片树叶标本。他说："你还记得吗？我们相识在一棵丁香树下，这片丁香叶正好落在你的秀发上，我一直珍藏着……我一辈子也忘不了你。"

说完，他看到了紧跟情人的后面进来的妻子。看上去，妻子焦急又憔悴，他以为妻子是不会来的，眼里便涌出了泪水。你望着我，我望着你。几分钟后，他缓缓地从枕头底下，拿出一个钱包。他对妻子说："让你受苦了，这是我积攒的全部积蓄38万元，还有股权证、房产证，是留给你和儿子的，好好生活，我要走了……"

站在一边的情人闻听，气得扔下那片丁香标本，头也不回地走了。而妻子却紧紧地握住他的手，让他在温暖的怀抱中，慢慢地合上了双眼。

张爱玲的描写更多的是从人性的角度去观望，其实，在一些男人的心目中，情人只是一片丁香花，谈情说爱时满是芬芳，一旦到了生离死别的时候，情人就是那枯萎的丁香，苦味只能留给自己品尝。而妻子却是一个口袋，扔掉时是一块破布，捡起来仍是盛钱的口袋，他会把名利与最后的爱都留给妻子。

然而，我们要说的是，既然如此，何必当初！不忠诚于自己的所爱，就是一种背叛。

感情是一把双刃剑，当你以不认真的态度去对待它时，你会在伤害自己的同时伤害了你曾经的爱人！一个男人必须懂得担当自己的责任，不能将感情当成儿戏，认真地对待自己的所爱，并为自己的爱人全心地付出。爱就应当承担相应的责任，唯有当你真正珍惜自己的所爱并为其努力付出时，你才能赢得真正的爱情！

为外遇贴上警告标签

"情到浓时情转薄，平平淡淡才是真。"但是很多人认为爱情应该是轰轰烈烈的，所以一旦爱情被磨去棱角，不再绚烂时，他们就开始怀疑这段感情，甚至铤而走险，走到外遇的岔路口上。外遇是婚姻中的一道门槛，选择门里门外，生活会截然不同，一旦有外遇，和爱人的关系维系是痛苦的，分开是伤心的。所以我们要警惕外遇。

这就需要我们了解为何对方会有外遇，该怎么防止不幸的发生？女性发生外遇一般是由于以下几点：

(1) 与昔日恋人的恋情复燃。人的本性中对得不到的东西都有迷恋的倾向，却往往会苛求于他已经拥有的，对于"婚姻"也是如此。许多人在婚后，都会在某些时候后悔他的婚姻。此时，如果夫妻间因为冲突日趋严重，彼此之间就愈看愈不顺眼，如果碰上旧情人大献殷勤时，外遇便很容易发生。

事实上，夫妻相处日久，一定会发现彼此有很多的优点与缺点。与旧情人复合的主要原因是想念旧情人的所有优点。女性若处在这种状况时，应该引起警觉。否则贸然地与旧情人复合，便会发现自己处在一个充满荆棘与虚伪的感情漩涡里，更苦的是，若有外遇很难有再回头的机会。

(2) 唯美主义者的追求。唯美主义者追求绝对完美，强调刹那之间的充实与感受，却很容易忽略了人性中的贪婪、私心、占有欲以及脆弱的心灵。女性唯美主义者追求与知己之间的深交，为了这种境界，赴汤蹈火在所不惜，而且她们认为凡夫俗子永远不可能体会她们这种爱的境界，很多女性外遇者经常是在这种情况下出轨的。

在婚姻生活中，美的定义应该不只是主观的美。木讷的丈夫是美，平静的生活是美，含蓄而不善表达的感情也是另外一种美。重要的是要看美的持久性与稳定性。唯美主义式的外遇可能一时令人感觉很美，但是它的持久性与稳定性却相当低，而且破坏性很强，一旦那种抽象的不实际的美感消失，最后还是以痛苦与悔恨收场。

(3) 沉沦放纵。很多女性的外遇是因为她们处在一个容易有外遇的环境或场合内。最常见的是地下舞厅、赌场，或是过分自由与开放的社交场合，常常有很多夫妻成群结队地到地下舞厅去跳舞，而且各带各的配偶，理论上应该不会有什么差错，然而却弊端丛生。因为不可能大家永远只挽着自己的配偶跳舞，总会交换舞伴；并且自己配偶的舞技也不一定是最好的，有些女性会觉得与别人的先生一起跳舞更有成就感……很多女性受引诱就是在这种状况下开始的。

(4) 缺乏真爱。有些男人认为一旦结婚，夫妻两人的关系便永远确定。男人永远高高在上，妻子则必须在家做牛做马。他不"疼惜"自己的妻子，以为自己赚钱养家，妻子理所当然应该服侍他。男人持有这种观念久而久之就会完全忽略了妻子的感受与需要，他以为对妻子只要严加管理或者拳打脚踢即可，殊不知女人的韧性很强，她可以逆来顺受，甚至于相当的"认命"。但是这种受到虐待的女人一旦有人对她温柔体贴时，她很容易对别人"倾心"，万一有人积极追求，她也许会很自然地走上外遇之路。

男人发生外遇则和女人不同，他们一般抱持着以下几种观念：

(1) 外遇是男人的专利。男人若有这种观念，无形中便会去找女人试探。若加上他地位不错，外表不错，甚至有女人投怀送抱时，他便没有能力拒绝，更不会理智地考虑到一切后果。一直到所有的问题、困难、冲突都出现了，他即使悔不当初，也难以回头了。

(2) 外遇是男人成功的标志。飞黄腾达、做事无往不胜的中年男人常常掉入外遇的泥潭中。主要是有些男人事业发达后容易混迹于交际场所中，增加了对女人予取予求的机会。事业发达的男人也因社会阅历较多，较老练稳重，而容易获取女人的欢心，于是外遇事件层出不穷。

(3) 外遇是男人事业败落后的知己。社会上不乏事业失败的男人去寻求外遇的个案。虽看似奇特，仔细分析时，其实不足为奇。事业的失败对男人是最大的打击，他的自尊心、成就感完全消失。此时若有红粉知己倾心相许，最容易让他觉得自己仍然保持着虚伪的成就感。也有外遇导致事业失败的案例，到底是外遇造成事业失败，或是事业失败导致男人有外遇，两者之间的因果关系不易断定。

一旦夫妻一方发生外遇，将会给对方的心灵带来沉重打击，给家庭成员造成伤害。所以我们要警惕外遇的发生，并且要防患于未然。

那么怎么做才能避免对方出轨呢？

(1) 平时多理解、体谅对方。

有一对夫妻，妻子当上了经理以后，每天都是早上班，晚下班，有时连星期天也不休息。自然，大部分家务活都落在了丈夫头上。一次，妻子对丈夫说："你看，我这一当经理，把你累坏了，以后，我尽量早回来做饭。"丈夫说"我知道，你担任经理一职，想把工作干好，家务事我多干一些，完全可以，你不必挂心。等你工作熟悉了，再多干些家务。"妻子听了非常感动，比以前更爱丈夫了。

理解、体谅可以增进夫妻感情，让婚姻更加牢固。

(2) 别太束缚对方。给对方自由的空间，别太束缚对方，这样可以让其觉得没有压力，那么也就减少了外遇的可能性。

此外，有爱维系的婚姻是有韧性的。相爱的人是不会束缚对方的，因为他们对爱情有信心，谁也不限制谁，到头来仍然是谁也离不开谁。

不束缚对方就是要抛却你的嫉妒心理，对你的爱人持一颗宽容的心。这也是维系婚姻、使家庭幸福的法宝，否则再丰厚的物质生活都不可能换来幸福。

有位太太的先生是知名的企业家，对她百依百顺，以世俗人的眼光看来，她很享福，物质生活是优越的，可以说是非常幸福的人。但她仍觉得很苦，看到一个朋友时，她哭得很伤心，朋友问她："你还有什么不满意的呢？"

她说："你不知道啊！他对我感情不专，使我痛苦、不满。"

朋友劝她说："到底你要追求多少感情才满意呢？不要太强求，感情如同一个球，愈硬碰，它跳得愈高愈远。"

她问："那要如何解决呢?"

朋友回答道:"放宽尺度,你爱的范围太狭窄了,犹如把感情当成一条绳子,缚得他对你产生了敬而远之的心理,才使你那么痛苦。你应该以柔和的感情来宽容他的一切,不要以占有欲、威力来加在感情上面,否则你先生对你表现会又顺又爱,但内心却又烦又畏,也就难怪他会对你有欺骗的行为。你若能把爱扩大到去爱他所爱的人,他一定会感谢你,同时也会更珍惜这份感情中的恩情,因为你所给予他的爱是那么的自在。人的感情就像是火炉,只要你给他宽大的爱,满足他的感情,再冷再硬的心也会被它融化……"

这位为情所困的太太,后来果真如朋友所说的那样去爱他先生所爱的那些人,从此摆脱了以前纠缠她的烦恼。

(3)给爱人一份关怀。当你的爱人在工作中受到打击,精神苦闷、郁郁寡欢的时候,需要你的关怀。

当你的爱人在向着光明灿烂的科学高峰攀登途中,日夜奋战、心力交瘁时,需要你的关怀。

当你的爱人在事业上受到挫折,一蹶不振、心灰意冷时,需要你的关怀。

当你的爱人偶尔失足,对前途失去信心,犹豫彷徨在十字街头时,需要你的关怀。

就是你的爱人在事业上取得成就,而他(她)已被成绩所陶醉的时候,也需要你的关怀。

总之,爱人的一切都需要你的关怀,但又不能关怀一切。那就需要选择必要的时刻,给爱人以精神上的宽慰、安抚,在思想上给予关心和支持,在生活上加以细心的照顾。人的生活,并不是一帆风顺的。任何人几乎都会遇到顺境和逆境。夫妻间的互相宽慰、照顾,首先应在对方处于逆境时,给予必要的精神上的关怀。因为,在逆境中的人,更需要别人的安抚。

(4)多变换角色,时刻保持新鲜。演好自己的角色是家庭中每个成员的责任,如果角色错位,轻者造成家庭的不幸福,重者会使家庭破裂。但如果家庭成员能够经常变换一下角色,就会收获更多的幸福。

有这样一对差点儿离异的夫妻。

这对夫妻离婚的主要原因是丈夫每天在外应酬多，接触到的都是些高雅而有情趣的"上层人士"，逐渐地他认为妻子太家庭妇女化了，而且两人在许多事情上的看法差距越来越大。丈夫问即将搬出去生活的妻子，还需要他做些什么？妻子平静地说："我为你做了 10 多年的饭了，现在只想你也下厨为我做一餐饭。"丈夫答应了妻子的要求，一大早就去菜市场买菜，然后洗菜、披上围裙炒菜……妻子一直都在旁边平静地看着。等一桌丰盛的饭菜摆上桌时，丈夫端起酒杯对妻子先说了声"对不起"，事情便出现了戏剧性的变化，丈夫开始请求妻子原谅，不想离婚了。

原来，通过做这一顿饭，他重新审视了妻子对自己的爱，特别是站在煤气灶前的那种感觉特别强烈，透过呛人的油烟味他看到了楼下的那个嘈杂的菜市场，这是妻子看了 10 多年的景色。

灶台前是妻子看待社会和生活的角度，而他偶尔有空也只是在摆满盆景的阳台看看大街上的车水马龙。站在妻子的角度来观察，他便觉得妻子平时对自己的唠叨有了许多情趣。

对我们来说，蕴含在日常生活中的爱情体验更真实，更弥足珍贵。偶尔站在对方的立场上，用欣赏的眼光看待自己的爱人，生活中就会增加许多温馨的感觉。

让婚姻持久保鲜

"百年修得同船渡，千年修得共枕眠。"一百年的缘分，可以在今世坐同一条船，而做夫妻，则需要一千年的缘分。由此可知做夫妻多么不容易，所以要珍惜这份得来不易的姻缘。

莫军和王敏是通过自由恋爱认识的，后来"有情人终成眷属"。但是却没有像童话故事那般，从此过上了快乐和幸福的生活。结婚多年，王敏对家庭中的琐事深有感触。结了婚，不知怎么会有那么多的事情要做，有那么多的琐事要打理，而莫军身上更是突然间冒出了许多毛病，让她应接不暇。王敏本是满腔热情，心怀憧憬地投入到小家庭的建设当中的，可是夫妻间经常出现的一些"小打小闹"却似给她当头泼了一盆凉水，浇熄了她的热情，浇灭了她的憧憬。

丈夫在外面时堪称帅哥白领，西服笔挺。可回到家里，却原形毕露，穿着短裤，光着膀子，甚至一天都不梳头，不洗脸。他会把烟灰弹得到处都是，衣物随处乱放。他会上完厕所不冲水就立即奔到电视机前观看球赛或上网冲浪。他每次看书写文章时，总是把书和纸摊得满屋都是，把原本整洁的房间弄得乱七八糟，让她看到就心烦。好心为他收拾以后，反而引起他的不满，不是哪页纸丢了就是哪本书不见了，总会和她争得面红耳赤。他睡觉时梦话连篇，有时还会"夜半歌声"。有一回睡到半夜，莫军不知道梦见了什么暴力事件，突然飞起腿踹了王敏一脚，差点把她踹到床下。

而莫军对妻子也是有一肚子的不满，特别是对妻子每次出门时拖拖拉拉、磨磨蹭蹭的做法很有意见。虽然嘴上没说，心中却老大不满意，总想找机会训斥妻子，消消积怨。

有一天晚上，莫军买好了妻子最喜欢的音乐会门票，兴冲冲赶到家里时，王敏正在做晚饭。莫军一进门就嚷："快，快，晚饭快别做了，快换好衣服上路。这是你最喜欢的，要快点，否则就来不及了。"王敏听到丈夫把"你最喜欢的"说得特别响，把"快点"与"来不及"强调得非常突出，感到很不自然，没吭一声，继续做饭。

"嗨，你怎么啦，想不想去啊!?"莫军看到她不为所动，不由得有点急了。"不想。"王敏冷冷地回答。

这下可惹怒了莫军，他满心不平，为了她，他才下班后急急忙忙赶到音乐厅买票，人多极了，自己费了九牛二虎之力才买到了两张，又怕误时，打了出租车赶回来，到门口时一着急还差点儿摔了一个跟头，结果落了个出力不讨好，真倒霉！莫军一怒之下，当着妻子的面把门票撕了，丢进了垃圾桶，独自回房看书去了。

　　在这之后，类似的矛盾不断发生，而莫军和王敏都没有及时想办法解决，最终导致了他们婚姻的解体。

　　婚姻只有维护才能永葆新鲜。上面这个例子让我们知道，结婚了也不一定万事大吉，也要注意自己的举动，不能无节制地随心所欲，因为只有这样才能让彼此觉得新鲜，不会和以前恋爱时的差距太大。自古以来，花是爱情的象征，对于男人来说，向自己的爱人送上一束鲜花，会讨得爱人的欢心。它们不必花费你多少钱，在花季的时候尤其便宜，而且常常街角上就有人在贩卖。但是从丈夫买一束水仙花回家的情形之少来看，或许他们会认为它们像兰花那样贵，像长在阿尔卑斯山高入云霄的峭壁上的薄云草那样难以得到。

　　为什么要等到妻子生病住院时，才为她买一束花？为什么不在今天晚上就为她买一束玫瑰花呢？

　　乔治·柯汉在百老汇上班，工作很忙，但他每天都要打两次电话给他妻子，一直到她病逝。你是不是会认为他每次都能够告诉妻子一些惊人的消息呢？这些小事的意义是：向你所爱的人表示你在爱着她，你想使她高兴，那么，你的心里就要重视她的幸福和快乐。

　　芝加哥的约瑟夫·沙巴斯法官，他曾处理过4万件婚姻冲突的案件，并使2000对夫妇复和。他说："大部分的夫妇不和，并不是很重要的事引起的。诸如，当丈夫离家上班的时候，如果太太向他挥手再见，可能就会使许多夫妇免于离婚。"

　　卡耐基说，人们一生的婚姻史就像穿在一起的念珠。忽视这些小事的夫妇，就会不和。艾德娜·圣·文生·米蕾在她一篇小的押韵诗中说得好："并不是失去的爱破坏我美好的时光，但爱的失去，尽都是在小小的地方。"

　　在雷诺有好几个法院，一个星期有6天为人办理结婚和离婚，每有10对来结婚，就有1对来离婚。这些婚姻的破灭，有多少是由于真正的悲剧呢？其实，真是少之又少。假如你能够从早到晚坐在那里，听听那些不快乐的丈夫和妻子所说的话，你就知道"爱的失去，全都是一切小的细节问题所造成的"。

关注细节，但不要挑别。英国著名政治家狄斯瑞利是在 35 岁时才向一位有钱的、比他大 15 岁的寡妇恩玛莉求婚的，恩玛莉既不年轻也不美貌，更不聪明，她说话充满了使人发笑的文字上的与历史上的错误。例如，她"永不知道希腊人和罗马人哪一个在先"，她对服装的品位古怪，对屋舍装饰的品位奇异，但狄斯瑞利并没有过分挑别这些，他只是注意到她是一个天才，一个真正的天才，那表现在婚姻中最重要的事情上：和男人相处的艺术。

事实证明，狄斯瑞利的选择是正确的。恩玛莉在他们的婚姻生活中没有用她的智力与狄斯瑞利对抗。当他一整个下午与机智的公爵夫人们钩心斗角地谈得精疲力竭时，恩玛莉的轻松闲谈能够使他感到轻松，于是，家庭使他非常愉快，成为他获得心神安宁的温存的地方。那些与他的夫人在家所过的时间，是他一生最快乐的时间。她是他的伴侣、他的亲信、他的顾问。每天晚上他由众议院匆匆回来，告诉她日间的新闻。而最重要的是无论他从事什么，恩玛莉都不相信他会失败。

30 年来，恩玛莉为狄斯瑞利而生活，而且只为他一个人。反过来说她也是狄斯瑞利的女英雄，在她死后他才成为伯爵，但在他还是一个平民时，他就劝说维多利亚女皇晋升恩玛莉为贵族。在 1868 年，她被升为毕根非尔特女爵。

无论恩玛莉在公众场合显得如何无常识，或没有思想，狄斯瑞利永不批评她；他从未说过一句责备她的话；如果有人讥笑她，他立即起来忠诚地护卫她。

狄斯瑞利也并不是毫无瑕疵的，但 30 年来，她从未厌倦谈论她的丈夫，并且不断地称赞他。结果呢？狄斯瑞利说："我们已经结婚 30 年了，她从来没有使我厌倦过。"

恩玛莉也常常幸福地告诉他们的朋友们："谢谢他的爱，我的一生简直是一幕很长的喜剧。"

正如美国著名的心理学家詹姆士所说的："与家人相处，第一件应学的事，就是不要只注意对方的瑕疵，如果那些东西并不是激烈得与我们冲突的话。"

拿出一把小刀来，把下面一段话割下来，然后贴在帽子里面或贴在镜子上面，好每天都提醒自己："凡事一逝不可追；因此，凡是有益于任何人，而我又可以做的事情，或是我可以向任何人表示亲切的事情，我现在就去做。不可因循，不可疏忽，因为凡事一逝不可追。"

第 **7** 个决定
选择什么样的生活方式

第一节　平衡膳食，为你的健康加油

"身体是革命的本钱"，欲成大业，身体健康是最大的根本。那么要想有健康的身体，首先要做的就是改掉不良的饮食习惯，平衡膳食。

不因年轻就不在意健康

现在很多年轻人自恃年轻，就对自己的身体健康不以为意。那么看看下面这些事实，也许会为你敲响警钟。

2005年1月5日，中国社科院边疆史地研究中心的学者萧亮中在睡梦中辞世，享年32岁。据报道，击倒这位年轻人的，是过度的劳累和生活压力，以及他内心郁积着的焦虑。

2005年1月22日，清华大学讲师焦连伟突然发病去世，享年36岁。亲属及同事认为，这或许与他长期的超负荷工作、心理和生活压力过大有关。

2005年1月26日，清华大学工程物理系教授高文焕因肺癌不治去世，享年46岁。医生诊断认为，繁重的工作压力使他错过了最佳治疗时机。

2005年8月5日，浙大36岁的博导何勇因弥漫性肝癌晚期不治逝世。

2005年8月18日，著名小品演员高秀敏在长春家中脏病突发逝世，享年46岁。

2005 年 8 月 30 日，著名演员傅彪因肝病不治逝世，享年 42 岁。按照他儿子的说法，"他已经整整一年没有这么彻底地放松过了。"

2006 年 5 月 28 日夜，25 岁的华为员工胡新宇，因过度劳累，由肺炎转为脑膜炎不幸病发死亡。

无数"英年早逝"的现象已经不容回避地摆在了我们面前，让我们不得不从现在开始就关注自己的健康。

近些年，一些本应是老年人患的疾病在年轻人中时有发生，而且年龄有前移的趋势，让人担忧。

年轻的"老年病"患者，从病种上看主要有脑出血、脑梗死、原发性高血压、冠状动脉硬化性心脏病、糖尿病以及各种肿瘤，其中以高血压病、糖尿病和脑中风更为明显与普遍。据统计数字显示，在近 20 年的时间里，这些老年病的初发年龄平均下降了 6.3 岁，40 岁左右的人初发老年病者增加了 26.3%。老年病出现低龄化趋势已经不是新闻，年轻的"老年病人"比例上升如此之快，"老年病种"如此之多，出乎许多医生意料。

糖尿病——新的研究报告显示，近 20 年来因糖尿病致死者增加了 3 倍，是现代十大死亡原因中死亡人数增长最快的疾病。而 50% 患糖尿病的女性和 20% 患糖尿病的男性在初发病时，都有体型肥胖的现象，胖人患糖尿病的机会是瘦人的 2 ~ 3 倍，且越肥胖，发病的时间越早。目前 35 ~ 40 岁的年轻糖尿病人在逐年增加。

心肌梗死——专家们发现，心肌梗死患者的年龄层，趋向老龄化和年轻化两个极端，前者是高龄化社会的自然现象，后者则与紧张的生活节奏密切相关。

目前男性疾病正向低龄发展，如更年期症状，原来发病年龄在 60 岁以上，现在却提前到 40 岁左右。一项统计数据表明，在 20 世纪 80 年代，40 岁左右的男性产生更年期症状者仅为 0.8%，但最近却上升到 2.4%，增加了 2 倍多。

老年病现在之所以"年轻"了，与人们的生活状况有很大关系。很多年轻人缺乏健康意识，以为自己身体状况很好。长期超负荷工作，使身体一直处于高度的紧张和疲惫状态；同时不能保证足够的睡眠；食宿皆无定准，生物钟混乱，抵抗力下降，因此很容易染病。一些年轻人的不良嗜好，如酗酒、大量吸烟、通宵打牌、过度娱乐等，使得肌体调节紊乱，也是诱发疾病的原因。

法国科学家最近公布的一项研究结果显示，年轻人在周末最容易患心脏病。研究者在研究了法国从 1987 年至 1997 年的心脏病突发和死亡原因的统计数据后说，目前还不知道周末易发心脏病的原因，但他们指出，这可能是因为男子在周末活动较多，身体状况差的人就比较容易犯心脏病。

随着人们生活条件的改善，饮食中摄入的高能量、高脂肪类物质逐渐增多。据统计，现在肥胖者逐渐增多，40 岁以上的人约有 85% 体重超重。由于收入增加，一些人只顾满足口腹之欲，盲目进补，摄入了过多的油腻食物，脂肪和胆固醇在体内过多堆积，粗纤维、维生素摄入严重不足。

饮食不规律，饥一顿，饱一顿，饮食无度，加上不良的作息习惯，综合起来，导致营养失调，肠胃、神经功能紊乱，也可诱发各种疾病。而且，出门坐车、步行时间减少、开会坐沙发、上楼有电梯，这样不仅减少了活动量，也让人养成了懒惰的习惯。以上种种，都给高血压、糖尿病以及心脑血管疾病等老年病的发作创造了条件，使得老年病越来越"年轻"了。

所以，不要以为自己年轻就觉得疾病离自己还很遥远，在你这样想的时候，疾病也正在一步一步靠近你。因此为了自己的健康，从现在起改变生活方式，注重饮食吧。

告别不科学早餐时代

现在很多年轻人夜生活比较多，因此晚上睡觉比较晚，早起也就晚一些，往往不吃早餐就去上班。也有一些人没有吃早餐的习惯，他们觉得早餐可吃可不吃，只要不饿就可以省略。还有部分减肥者，也不吃早餐，以为少吃一顿饭，有利于减肥。这些习惯都是错误的，而且对身体健康非常有害。

一日三餐，是根据人体一天消耗能量的需要和消化规律来确定的。在日常生活中，人们的工作、学习、劳动都有一定的安排和规律，比如白天要工作、学习、劳动，夜间要睡觉。人的进食也应该与日常生活规律相适应，才能使吃进的食物所释放的能量和营养素及时满足身体的需求，从而起到维护人体的健康和提高劳动效率的作用。同时，又能使进食与消化过程协调一致，提高对食物的消化、吸收和利用率。也就是说，人吃饭要抓住人体的需要和消化的有利时机，而不可随意进食。

人如果不吃早餐，空腹的时间过长，从前一天18时开始，以4小时胃全部排空计算，至次日12时午餐，空腹持续时间可达14个小时。这样使体内各种器官的生理活动、细胞的新陈代谢和工作的体力、脑力的能量消耗得不到及时补充，处于入不敷出的亏损状态。长此以往，将损害脏器功能，还可能导致胆结石和过早衰老后果。

不吃早餐实际上实行了少餐制，即两餐制。因为上午过饿，中午就会吃得多，多余的热量便会转变为脂肪沉积起来，从而使身体发胖，根本达不到减肥的目的。

不吃早餐的人，血中胆固醇比吃早餐的人高33%。有一项调查证明，吃早餐的人比不吃早餐的人心脏病发作的可能性要小。临床证实，早晨起床后2小时内（7～9点）心脏病发作的概率比其他时间高1倍左右。这种情况可能与较长时间没有进餐有关。研究血液黏稠度也发现，不吃早餐的人因为进水少，故使血液黏稠度增加，流向心脏的血液量不足，因而容易引起心脏病的发作。

不吃早餐对身体不利，所以我们要坚持吃早餐。但早餐不仅要吃，还要吃得科学。否则，营养不均衡也会影响身体健康。

营养学家指出，早餐既能提供足够的热量，同时还具有活跃大脑的功能。早餐在三餐中具有基础性的地位，一定要吃好，最好搭配些新鲜蔬菜来补充身体所需的营养成分。蔬菜属于碱性食品，不仅富含胡萝卜素和多种水溶性维生素，而且还含有很多钙、钾、镁等矿物质。如果饮食中吃的酸性食品过多，就会引起体内酸碱平衡失调。一旦酸性食品在饮食中超出身体所需量，那么身体的血液就会偏酸性，血液的颜色就会加深、黏度增大，出现缺钙等症状。

那么什么样的早餐才是科学的呢？专家指出，科学的早餐应坚持以低脂低糖为主要原则，最好选择瘦猪肉、禽肉、蔬菜以及低脂奶等富含蛋白质、维生素及微量元素的食物。

早餐的质量关系着一天的精力，因此吃好早餐至关重要。下面是我们经常见到的早餐吃法，让我们一起分析一下其中的不当之处：

1. 传统型早餐吃法

我国的传统早餐内容是馒头、稀饭、油条、咸菜、剩菜，这些食物虽然也有热量，但蛋白质和钙的含量比较低，这种吃法达不到现代营养美食的标准。

2. 简便快食型早餐吃法

牛奶与鸡蛋或牛奶与面包。喝牛奶、吃鸡蛋，其中的蛋白质和热量达不到人体的正常需求量；喝牛奶、吃面包，含糖分多，容易使人的血糖升高，然后又很快降下去。所以，不到午餐时间就会有饥饿的感觉。

3. 洋快餐早餐吃法

这种早餐基本上是一杯咖啡或一个汉堡包外加一杯奶茶。这种西式早餐吃的就是"三高"食品，不利于身体健康。

以上 3 种早餐吃法都有不利于身体健康之处。如果我们习惯了这样的早餐模式的话，这就要求蔬菜、肉类、蛋、奶、水果、谷类等食物要搭配得当。因为肉、蛋、奶和谷物含有充足的蛋白质、碳水化合物和脂肪，而蔬菜和水果中则含有人体所需的维生素和必需的微量元素，二者合理搭配才具有更高的营养价值。

另外值得注意的是，吃早餐时不要为了节约时间而吃冷食，吃冷食是不利于健康的。

早晨，人的肌肉、神经及血管还处于收缩状态，如果早餐吃冷食，会使体内的各个系统血运不畅，从而对身体造成一定的危害。因为人体只有在保持适度体温的情况下，体内的各种微循环才会正常运作，从而保证氧气、营养素及废物等的运转顺畅进行。如果这种循环受到了破坏，时间长了，那么胃肠的消化吸收功能必然会下降，人的抵抗力也会慢慢下降，极有可能导致胀气、皮肤变得粗糙、经常感冒等不良后果。所以，健康的饮食习惯应该是吃热的食物。

诱人的夜宵，吞噬健康

上夜班的人，或者是夜猫子型上网到凌晨的年轻一族，肚子饿了，经常会在夜间吃夜宵。夜宵虽诱人，但对身体不利，它正在吞噬着你的健康，有夜宵习惯的人应该加以注意，不信就看看下面这个例子：

柳先生是河北石家庄的一家销售公司的业务员，白天四处跑业务，晚上经常玩到午夜，然后找个小摊吃夜宵，填饱肚子后回家睡觉。久而久之，柳先生经常出现"晚上失眠、白天头昏脑涨、食欲不佳"等症状，但在医院又检查不出毛病。后来，柳先生来到北京某医院，专家告诉他，经常熬夜吃夜宵，长时间的作息"颠倒"，引起内分泌失调，就容易出现这种症状。医学界把这种病称为"夜食综合征"。

诱人的夜宵会危害健康，诱发各种疾病。下面就让我们看看吃夜宵是如何危害健康的吧。

（1）容易导致结石。人的排钙高峰期常在进餐后 4～5 小时，若夜宵吃得过晚，当排钙高峰期到来时，人已上床入睡，含高钙的尿液不能及时排出体外，致使尿中钙不断增加，容易沉积下来形成结石。

（2）容易引发胃癌。医学专家们经多年观察研究发现，常吃夜宵易引发胃癌。他们曾对 30～40 岁年龄组的人的饮食情况进行调查，结果发现在胃癌患者中，晚餐时间无规律者占 38.4%，而同年龄组的健康人中，晚餐时间不规律者比例较小。

常吃夜宵容易引发胃癌，这主要是因为胃黏膜上皮细胞的寿命很短，约 2～3 天就要更新再生一次。而这一再生修复过程，一般是在夜间胃肠道休息时进行的。如果经常在夜间进餐，胃肠道就得不到必要的休息，黏膜的修复也就不可能顺利进行。

其次，夜间睡眠时，吃的夜宵长时间停滞在胃中，会促进胃液的大量分泌，对胃黏膜造成刺激，久而久之，易导致胃黏膜糜烂、溃疡、抵抗力减弱。如果食物中含有致癌物质，如常吃一些油炸、烧烤、煎制、腊制食品，这些食品长时间滞留在胃中，更易对胃黏膜造成不良影响，进而引发胃癌。

(3) 容易引发糖尿病。夜间进食太多，会导致肝脏合成的血胆固醇明显增多，成为动脉硬化、冠心病和阳痿的诱因之一。同时，如果长期夜宵吃得过饱，便会反复刺激胰岛，使胰岛素分泌增加，久而久之便会引发糖尿病。

另外，夜宵过饱可使胃鼓胀，对周围器官造成压迫，胃、肠、肝、胆和胰岛素等器官在餐后的紧张工作会传送信息给大脑，引起大脑活跃，并扩散到大脑皮质其他部位，诱发失眠。

因此，想拥有健康最好是不吃夜宵或少吃夜宵。但对有些人，特别是对加班的年轻女性而言，夜宵是补充能量的身体需要。然而，夜宵怎么才能吃得健康开心呢？

(1) 最好尽量以新鲜水果、吐司、面包、清粥小菜来充饥。夜宵千万不要吃泡面，以免火气太大，也不要吃过于油腻和辛辣的食物，辛辣的食物很容易使皮肤中的水分过度蒸发。

(2) 开始熬夜前，吃一颗维生素 B 群营养丸。因为维生素 B 能够解除疲劳，增强人体免疫力。甜食是夜宵的大忌。太多的甜食会增加血糖浓度，加速消耗人体内的 B 族维生素，也更容易引起肥胖。

(3) 夜宵喝的东西，首选果汁。如果一定要喝茶，最好喝绿茶。绿茶中含多种矿物质，相对红茶和其他茶类，对人体的益处更多。少喝咖啡或者浓茶，咖啡因的确会让人精神振奋，但是咖啡因对提升工作效率不见得有效，即使有效，也只能维持相当短的时间。

(4) 只吃七八分饱，消除饥饿感就可以了。还可自制一些有助熬夜后身体恢复的代茶饮，如枸杞茶。夜宵过饱不但易发胖，还会影响睡眠，长期下去还会诱发糖尿病。

别上了洋快餐的当

现在，年轻人对洋快餐并不陌生，比如麦当劳、肯德基等。从20世纪90年代开始，洋快餐风行于我国的各个发达城市，而且很受年轻人的喜爱，他们认为吃洋快餐既方便，又时尚。于是在节假日、上班午餐、朋友聚会等场合总是光顾洋快餐厅，边享受美味，边增进友谊。这已成为年轻人的习惯。

洋快餐是开心的代名词，是令人垂涎欲滴的美味，但我们千万不能忘记洋快餐还是"垃圾食品"。它是"三高"、"三低"（即高脂肪、高热量、高胆固醇，低纤维、低蛋白、低营养）的多油脂食物，而且洋快餐中含有较多的调味剂与添加剂，缺少人体需要的维生素、卵磷脂、蛋白质等成分。

洋快餐是能量炸弹，经常食用这些食品的人，容易产生以下不良反应：

(1) 身体免疫力下降，过早衰老。长期吃洋快餐可使体液变为酸性，体内因酸碱失衡而危及免疫系统。许多儿童之所以反复患上呼吸道感染，与爱吃甜食和喝含糖饮料过多密切相关。

冰镇饮料对儿童身体健康更为不利，咽喉猛然受到过冷的刺激，局部血管收缩，抵抗力下降，极易患上呼吸道感染。小儿胃肠道黏膜柔嫩，血管密集，若受到冰镇冷饮的刺激，胃黏膜下血管便会急剧收缩，血液供应骤然减少，即使胃肠蠕动加快，又伤害消化道免疫力，易引起急性胃肠炎。许多洋快餐含盐过高，由于盐具有渗透作用，可杀死上呼吸道的正常菌群，造成菌群失调；高盐饮食还能抑制黏膜上皮细胞的繁殖，使其丧失抗病能力，导致感染性疾病。

腌肉、火腿、饼干、鱼干等因富含油脂，久放或受阳光照射和受热都容易被氧化，产生酮类、醛类等过氧化脂质毒物，这些过氧化脂质毒物在人体内会干扰人体对蛋白质和氨基酸的吸收，破坏酶系统和维生素，使人体过早地衰老。

(2) 引起人体激素变化，形成肥胖。2002 年 11 月，美国纽约一名因长期食用快餐食品而变成肥痴的儿童向法院控告某知名洋快餐品牌引起儿童肥胖。2003 年 1 月 29 日英国《新科学家》杂志报道，快餐可引起体内激素变化，使人上瘾。

美国有关研究表明，常吃洋快餐食品，进入体内的高蛋白、高热量、高脂肪会促使人体发胖。俗话说："腰带长，寿命短。"肥胖已成为代谢性综合征的祸首。尤其是爱吃洋快餐儿童，势必会因摄入脂肪和糖分过多，造成热量过剩而变成小胖墩而导致"富贵病"。

儿童期肥胖将导致脂类和糖代谢异常，使血脂、血糖及血压升高，儿童易患高血压、糖尿病等俗称"富贵病"的代谢综合征。有的虽在儿童期未发病，却埋下了日后得高血压、动脉硬化、心脑血管病、糖尿病等病症的隐患。

(3) 危害人体健康，诱发癌症。世界卫生组织和联合国粮农组织近日联合发出警告，称含有致癌毒素——丙烯酰胺化合物（简称丙毒）的食品会严重危害人体健康，而"洋快餐"的多种食物中均含有大量丙毒。

据介绍，此项研究报告是世界卫生组织和联合国粮农组织联合专家委员会在日内瓦发表的。根据研究，染上过多丙毒的动物会引发癌症进而死亡，这种致癌毒素存在于各种品牌的"洋快餐"中。当对油炸土豆条（薯条）、薄脆饼、烤猪肉与水果甜点上的棕色脆皮以及大量油煎油炸快餐食品所进行的化验表明，有的丙毒含量超过标准 400 倍。世界卫生组织规定，每千克食品中丙烯酰胺不得超过 1 毫克，而美式快餐的炸薯条中丙烯酰胺高出规定标准约 100 倍，一包普通炸薯片超标 500 倍。

另外，洋快餐中的许多饮料以糖精代替蔗糖。研究表明，给小鼠饲料中加入 5% 糖精，其肿瘤发生率高于对照组，并且会祸及后代；还有烟熏类食品含有强烈致癌性，用电烤箱熏肉时，每千克肉中含 23 微克 3，4-苯并芘，在熏制的肉中，3，4-苯并芘含量高达 107 微克；煎炸类食品含有较多的杂环胺类化合物，越是焦黄有害物含量越高。

(4) 容易造成营养不良，引发疾病。如今的孩子爱吃甜食、喝饮料，这很容易引起孩子的饱腹感，到吃饭的时候食欲全无。在饭前喝饮料，会稀释胃液，影响对食物的消化吸收。果汁饮料中的色素还易沉着在孩子嫩弱的消化道黏膜上，干扰体内多种酶的功能，引起厌食，消化不良。由于甜食中几乎没有蛋白质、维生素、矿物质等营养素，长此以往必然会造成孩子的营养不良，影响生长发育，引发缺铁性贫血等疾病。

另外，洋快餐属于酸性食物，长期吃可使体液酸性化，人体为了维持酸碱平衡，就会动用钙、磷、镁等矿物质参加中和，由此导致体内钙质减少，影响儿童的骨骼发育，易患佝偻病。中老年人的骨骼会因脱钙而出现骨质疏松，容易发生骨折、牙齿脱落和骨骼变形。

由此可见，洋快餐虽方便、快捷，但对身体是不利的，所以，经常食用洋快餐的年轻一族应尽早改变饮食习惯，让每天的饮食结构多元化、保持营养均衡。唯有如此，才能让身体健康，青春永驻。

第二节　调校自己的生物钟

充足睡眠是健康的保证，睡眠好精神才会好，心情才能愉快；缺乏睡眠则会影响情绪，降低做事的效率。所以我们要保证睡眠质量。

创造良好的睡眠环境

环境是影响睡眠的一个重要因素，很难想象在喧闹嘈杂的环境里能很快使人进入梦乡。也许有些年轻人会说"我无所谓，什么样的环境都影响不了我睡觉"。当然，对于那些睡眠不足而极其渴望睡眠的人来说，环境是无所谓的，可以不择场合，倒地即睡。而对于一般人来说，却并不是这样的，如有的人从清静的地方转到热闹之处，或由喧嚷的地方换为清幽的环境，甚至只是换了一下床位，都会因改变了习惯，而产生失眠的现象。

人的一生中有 1/3 时间是在睡眠中度过的。因此，良好的居室环境对睡眠十分重要。具体而言，良好的睡眠环境如下：

(1)环境安静。这是良好睡眠的基本条件之一。睡眠时要减少噪音污染，这是因为噪音可以引起许多疾病，如高血压、心跳过速、神经衰弱，从而产生睡眠障碍。为此，怕吵的人睡觉时应关上门窗；设置窗帘，不但能控制日照、通风和调节光线，也能阻挡和吸收噪音；夏天炎热必须开窗时，可挂上一张竹帘，既可隔热，又能阻挡一部分噪音；室内最好选用木质家具，因为木材纤维具有多孔特性，能吸收噪音；家具安放不宜过少或过多，过少声音会在室内共鸣回旋，产生很大的回响；过多则显得拥挤不便，东碰西撞，增加响声。

睡眠环境要安静，但这并非要求环境的绝对安静。人们心理的健康发展，需要有各种各样的刺激，包括声音刺激。所以对"环境安静"的要求，应该有正确的理解，不要过于苛求，否则就会像下面这个故事里的主人公一样了。

有位记者叫保罗·班尼斯基，决定去一个实验室"体验"一下"绝对安静"的感受。他在那里待了一个下午，他发现在那种环境里十分难受，一些细微的声音，比如他自己搔痒或者摸头发的声音都使他受不了。他说："在那个环境里，我可以听到自己心脏在跳动，血液在身上奔流，我只稍微动一下，就听到骨节好像生锈似的，发出'格格'使人难受的声音，衣服的沙沙声也使我无法忍受。在那里待了半小时以后，我的耳朵变得特别灵，轻轻地吸一下鼻子，也像大叫一声，把一枚针丢到地上，就像是在外面把锤子丢到地上一样的响。"他又说，"最初，我把这种安静当作一种享受，但是过了 1 个小时以后，由于这里没有任何声音，就使我感到不安，我咳嗽、写字，故意弄出响声来打破这种安静，以便消除这种不安，但是不行，我这类动作的声音都太响、太刺耳了，翻书页都像开枪一样的响，几小时之后，我再也忍受不了这种安静了。到了外面，虽然感到嘈杂得很，但是我觉得很舒服，觉得那是'可爱的喧闹'。"

(2) 室内光线幽暗。睡觉时，切不要明灯高烛，因为光线太强，易使人兴奋，影响入睡；《老老恒言》说："就寝即灭灯，目不外眩，则神守其舍；"《云笈七签》曰："夜寝燃灯，令人心神不安；"这些都说明了寝卧时应以熄灯静睡为宜；开灯睡觉不仅是一种浪费，而且对身体健康有害；这是因为人和大多数动物一样，都能够利用自然光线，而灯光却会扰乱生物体内的自然平衡；人如果长期生活在灯光下，身体内控制新陈代谢的"生物钟"就会被扰乱，从而使人体产生一种"光压力"，使人体生物、化学系统发生改变，使本来循环有序的体温产生升降、化学成分发生变化，以及心跳、脉搏、血压等变得不协调，导致疾病发生。

(3) 室温适宜。温度适宜是入睡的重要条件。过冷、过热或潮湿，都会引起大脑皮质的兴奋，妨碍大脑皮质抑制的扩散，从而影响睡眠。此外人对冷热的舒适感，不能从单一的气温来表示。不同的人，因体质、皮肤和脂肪的情况以及所穿衣服的不同而感觉也不一致。为了研究人对气温的舒适感，必须考虑与气温有关的湿度、风等气候条件的综合作用。

实感气温是以主观方法获得数据，即通过实验得出，以空气不流动和相对湿度 100% 时最好感觉的气温作为舒适的标准，然后，求出同样感觉时不同的气象条件。其方法是，使人进入人工气候室（人工气候室内无风、湿度处于饱和状态），然后，改变气温，询问试验者，直至感到舒适为止。然后，再至另一个实验室，不断地改变气温、湿度、风速，直至试验者在两个实验室内的温热感觉一样。根据试验，在冬季，实感温度 17.2℃～21.7℃时，一半试验者感觉舒适；在夏季则为 18.9℃～23.9℃。试验显示，下列 3 种情况，试验者的感觉一样：气温在 17.7℃，相对湿度 100%，风速 0；气温 22.4℃，相对湿度为 75%，风速 0.5 米／秒；气温 25℃，相对湿度 20%，风速 2.5 米／秒。由于人们在上述 3 种气象条件下最感舒适，因而在这样的气象条件下最有利于睡眠。

(4) 室内空气新鲜。卧室白天应保证阳光充足，空气流通，以免潮湿之气及秽浊之气的滞留。卧室必须有窗户，在睡前、醒后宜开窗换气，睡觉时亦不宜全部关闭门窗，应打开门上透气窗，或将窗开个缝隙。因为开窗可以使室外的新鲜空气与室内的污浊空气进行充分交换，以创造良好的空气环境；夜深人静时，人们的生活活动大都停止，炉灶的烟尘，工厂生产过程的有毒有害气体大量减少，室外空气受大气层中气流的稀释就变得格外洁净；新鲜空气是自然的滋补剂，它可以提供充分的氧气，因而刺激机体消化功能，促进营养物质的吸收，改善新陈代谢机能，又可加强神经系统的作用，增强对疾病的抵抗力，睡眠中的大脑正需要大量氧气去进行它的生理活动，这时提供更多的新鲜空气，能充分迎合它的需要，从而发挥睡眠的最大效能；冬天，应开气窗或侧窗，并盖好被褥，不让冷风直接吹到身上。

此外，良好的睡眠环境，还应包括以下几方面：

(1) 卧室朝南或朝西南方向有利睡眠。睡眠中的大脑仍需大量氧气，而朝南或西南方向阳光充足，空气流通，晚上自然有着很好的舒适感。

(2) 睡眠的空间宜小不宜大。在不影响使用的情况下，睡眠空间越小越使人感到亲切与安全，这是由于人们普遍存在着私密性心理的关系。

(3) 床铺的宽度，单人床以70厘米以上为好。宽度过窄，不易使人入睡，这是由于人在睡眠中，大脑仍存在着警戒点，活动频繁，唯恐翻身时跌下床来。

(4) 睡床以一边床头靠墙，两侧留出通道为好。这不仅有利于下床、上床，且使人有着宽敞感。

(5) 被褥要柔软、轻松、保暖、干燥与清洁。睡衣宜宽大，床单枕套、蚊帐等应常洗晒。

(6) 保持卧室、卧具的清洁，床下不堆积杂物。以免藏污纳垢，招致蚊虫鼠蚤的繁殖与滋生，干扰睡眠。

莫向自己的生物钟宣战

睡眠的好坏，与人的心理和身体息息相关。难怪著名的戏剧家莎士比亚曾用诗一般的语言称颂睡眠是"受伤心灵的药膏，大自然最丰盛的菜肴"。

很多人，尤其是年轻人不注重休息，经常让生物钟踩错点，岂不知你在这样做时，疾病也正在一步步向你靠近。

专家认为，睡眠其实是天然的补药，充足的睡眠是保证第二天精力充沛的条件，长期睡眠不足，对健康有很大的损害。这是因为在所有的休息方式中，睡眠是最理想、最完整的休息。有人说，睡眠是大自然中最了不起的恢复剂，这是合乎事实的。经过一夜酣睡，多数人醒来时都感到精神饱满、体力充沛。在日常生活中，人们就常有这样的体会，当你睡眠不足时，第二天就显得疲惫不堪、无精打采，感到头昏脑涨，工作效率低，但若经过一次良好的睡眠之后，这些情况就会随之消失。曾有人形象地说，睡眠好比给电池充电，是"储备能量"。确实，经过睡眠可以重新积聚起能量，把一天活动所消耗的能量补偿回来，为次日活动储备新的能量。科学研究证明，良好的睡眠能消除全身疲劳，使脑神经、内分泌、体内物质代谢、心血管活动、消化功能、呼吸功能等得到休整，促使身体各部组织生长发育和自我修补，增强免疫力，提高对疾病的抵抗力，所以有"睡眠是天然的补药"的谚语。

健康的身体是幸福的保障，为了你的幸福着想，从现在起调校好自己的生物钟、改变不良的作息习惯吧。

熬夜伤人有多深

人的一生中，大约有 1/3 的时间是在睡眠中度过的，从某种意义上来说，充足睡眠是健康的保证，睡眠决定着生活的质量。

"睡眠充足不熬夜，健康的体魄来自睡眠"，这是科学家新近提出的观点。没有睡眠就没有健康，睡眠是人的生活节奏中一个重要组成部分。睡眠不足，不但身体消耗得不到补充，而且由于激素合成不足，会造成体内环境失调。更重要的是，睡眠左右着人体免疫功能。科学家认为，如果你希望自己健康，就必须重新估价睡眠对健康的作用。经常开夜车，或通宵达旦地打牌、看电视、上网，这些做法对健康都是非常不利的。

但是很多年轻人经常熬夜，每天睡眠不足五六个小时。要知道睡眠与健康密切相关，经常熬夜、睡眠不足严重危害身体健康。

王文华在一家杂志社工作，她皮肤白皙，脸色一直不错。可最近杂志社决定在年底扩版，页数要增厚几十页，一下子增加了许多内容。这使王文华不得不整天忙于整理汇总各类信息，并开始做版面策划，每天除了上班时间外，她还要加班到十一二点。王文华看看镜子里的自己，眼圈发黑、嘴唇干燥，肤色也变得暗淡了。

王文华熬夜加班是因为工作的需要，迫不得已，那么我们熬夜又是在做什么呢？上网、玩游戏、KTV 娱乐……恐怕是我们大多数人熬夜的真正原因吧。

具体来讲，熬夜会给我们带来以下几种害处：

(1) 经常熬夜导致身体疲劳，免疫力下降。经常熬夜所造成的后遗症中最严重的就是疲劳、精神不振，人体的免疫力也会跟着下降，经常出现感冒、胃肠感染、过敏等自律神经失调症状。

(2) 熬夜会让人头痛，降低记忆力。熬夜次日上班或上课时经常会出现头昏脑涨，注意力无法集中，甚至头痛的现象。长期熬夜、失眠，记忆力也会明显下降。

(3) 经常熬夜的人容易出现黑眼圈、眼袋。夜晚是人体的生理休息时间，该休息没有休息就会因为过度疲劳，造成眼圈周围的血液循环不良，进而出现黑眼圈、眼袋（眼下肌肉下垂）或是眼球布满血丝，视疲劳严重，不利于眼健康。

(4) 熬夜会使人皮肤干燥、导致黑斑、青春痘产生。晚上 11 时到凌晨 3 时是人们常说的美容时间，是人体调节自身肝胆器官功能的时段。这段时间如果没有获得充分的休息，不良后果就会表现在皮肤症状上，容易导致皮肤粗糙、脸色偏黄、黑斑、青春痘等问题的出现。

(5) 经常熬夜会出现失眠、健忘、易怒、焦虑不安等症状。经常熬夜的人身体功能会发生紊乱，进而出现失眠、焦虑等一系列精神问题。

熬夜是一种慢性危害，这种潜在的危害会引发身体功能的变化，所以我们要杜绝熬夜。当我们因为工作或其他的需要而不得不熬夜时，要在事先、事后做好准备和保护，这样做可以把熬夜对身体的损害降到最低。

首先是虽然晚睡但要按时进餐，而且要保证晚餐的营养丰富。多补充一些富含维生素 C 或含有胶原蛋白的食物，利于皮肤恢复弹性和光泽。鱼类、豆类食品有补脑健脑功能，维生素 A 有利于防止眼病，富含此类维生素的食物都应纳入晚餐食谱中。熬夜过程中要补水，可以喝枸杞大枣茶或菊花茶，既补充水分又有去火功效。

其次，晚睡不"晚洗"。皮肤在 22：00 ～ 23：00 之间进入晚间保养状态。这时是皮肤吸收养分的好时机。如果有条件，晚睡族在这段时间里，一定要进行一次皮肤的清洁和保养。用温和的洁面用品清洁之后，涂上一些保湿营养乳液。这样，皮肤在下一段时间里虽然不能正常进入睡眠状态，却能得到正常的养分与水分的补充。

熬夜之后，最好的补救措施自然是"把失去的睡眠补回来"。如果不能完全做到这一点，午间的 10 分钟小睡也是十分有效的。此外，适当作一些打羽毛球之类的运动，或多到户外走一走，既有助于身体健康和精神愉快，又是摆脱熬夜后萎靡状态的好办法。

第三节　莫让运动远离你

运动让生命之树常青，人不运动就不健康，不健康的人又怎么会有大作为呢？所以从现在起，开始运动，拥抱健康吧。

运动为健康保驾护航

人的一生离不开运动，从婴儿学步，到掌握各种各样的锻炼方法，无不是为了生存、为了健康。只有具备了强健的体魄和良好的心理素质，才能够适应社会的需要。

中国有许多关于运动的俗语，比如："一日舞几舞，活到九十五"，"饭后百步走，活到九十九"等等。这些都说明了运动锻炼对身体健康的重要性。

有人说，物质文明的发展是高血脂、高血糖、高血压、心脑血管疾病产生的根本原因。的确，导致这些疾病产生的原因与环境污染、食物污染、空气污染、水质污染密切相关，另外，还有一个导致现代"富贵病"高发的重要原因，那就是现代人缺乏必要的健身运动。

据世界卫生组织调查，全球因缺乏运动而致死的人数，平均每年超过200万。不运动，会致使身体的免疫能力下降，某些疾病和病毒不能得到有效控制而诱发猝死。那么运动又能带给我们什么呢？

（1）活动筋骨关节。人体的筋骨关节原本的用途就是活动，如果缺乏运动，关节的活动能力大减，就容易提早退化。另外，运动有利于人体骨骼、肌肉的生长，增强心肺功能，改善血液循环系统、呼吸系统、消化系统的功能状况，有利于人体的生长发育，提高抗病能力，增强有机体的适应能力。

(2) 肌肉得到锻炼。人体的肌肉做收缩运动，越运动能量供应越多，不运动则效率越低，经常运动的好处是让肌肉多些机会发挥其效能。

(3) 血液得到更好的循环。运动令血液循环加速，间接造福身体每一个器官。

(4) 心脏得到锻炼。我们的心脏需要靠不断地运动来强化它的功能，如果平时不让心脏多些活动，心脏的健康肯定受到影响。运动可以帮助人类的心脏正常运作及强化其功能。

(5) 肺活量得以提升。运动是增强肺活量的最好方法，我们所需的氧气都是由肺部供给的，只有运动才是改善肺功能的最基本方法。

(6) 身体带氧量增加。氧气是人体每一个细胞的必需品，没有氧气，细胞会因低氧而死亡。在运动时，身体带氧功能迅速加强，会令身体得到更多的氧气供应，正所谓"有氧运动"或"带氧运动"。

(7) 令人精力充沛。运动能令人体精力充沛而不易出现疲劳。一般来说经常运动的人比不运动的人更加精力充沛，即使精力差不多，他们的抗疲劳能力肯定是前者好得多。

(8) 增强人的意志力。运动是消除精神压力的方法之一，它能够提高身体的新陈代谢效率，能提高身体的整体机理，有益舒缓精神压力。

(9) 可以提高睡眠质量。运动可以消耗身体"闲置"的能量，运动过后人体就会进入怠倦状态，晚上会有倦意，到就寝之时自然会倒头便睡。所以日间的运动有助晚间的睡眠。

(10) 运动令胃口更好。如果经常运动，每日都需要消耗一定的能量，就会促进胃肠蠕动，产生进食和补充能量的渴望，所以食欲会比不从事运动的人好。

(11) 运动令人头脑灵活。人的大脑所需要的血液供应占心脏总血液输出量的 13.9%，占人体总耗氧量的 18.14%，这说明大脑的代谢是旺盛的。大脑的功能需要有充分的营养和氧气供应方能保证完好，科学的运动正是提高用脑效率、向大脑提供充分的养料和氧气的重要途径之一。

(12)运动具有调节人体紧张情绪的作用，能改善生理和心理状态，恢复体力和精力。运动可以陶冶人的情操，保持健康的心态，充分发挥个体的积极性、创造性和主动性，从而提高自信心，树立正确价值观，使个性在融洽的氛围中获得健康、和谐的发展。

叔本华告诉我们："在一切幸福中，人的健康胜过其他幸福，我们可以说一个身体健康的乞丐要比疾病缠身的国王幸福得多。"人生，最重要的就是健康，如果因为缺少运动而损害健康，不仅无法享受快乐人生，也无法完成想做的事情。因此，为了你的健康，为了享受快乐生活，领略幸福人生，赶快将运动提上日程吧。

坚持运动，远离亚健康

都市快节奏的生活、激烈的社会竞争等方方面面的压力使人们长期处于亚健康状态。亚健康状态是指处于健康和疾病两者之间的一种状态，即肌体内出现某些功能紊乱，但未影响到整体功能，主体有不适感觉。它是人体处于健康和疾病之间的过渡阶段，在身体、心理上没有疾病表现，但主体却出现许多不适的症状和心理体验。其一，浑身无力，容易疲倦；其二，头脑不清醒，面部疼痛，眼睛疲劳，鼻塞目眩、耳鸣、咽喉有异物感；其三，睡眠不良，心虚气短，有手足麻木感；其四，早晨起床有不快感，胸闷不适，颈肩僵硬，心烦意乱等等。

造成身体出现"亚健康状态"的原因，主要有以下几个方面原因：

(1)心理失衡。古人云："万事劳其行，百忧撼其心。"高度激烈的竞争，各种错综复杂的关系，使人思虑过度，内心难以平静，不仅会导致睡眠不良，甚至会影响人体的神经体液调节和内分泌调节，进而影响机体的正常生理功能。

(2)营养不全。现代人饮食往往热量过高，营养不全，加之食品中人工添加剂过多，人工饲养动物成熟期短、营养成分偏低，造成很多人体重要的营养成分缺乏并且导致肥胖症，机体的代谢功能紊乱。

(3) 噪音、心情郁闷。科技发展、工业进步、车辆增多、人口增加，使很多居住在城市的人生存空间狭小，备受噪音干扰，对人体的心血管系统和神经系统产生了很多不良影响，使人烦躁、心情郁闷。

亚健康属于非疾病状态，我们要摆脱亚健康状态。根据调查发现，处于亚健康状态的患者年龄多在18至45岁之间，其中城市白领、女性占多数。这个年龄段的人因为面临升学、商务应酬、企业经营、人际交往、职位竞争等社会活动，长期处于紧张的环境压力中，如果不能科学地自我调适和自我保护，就容易进入亚健康状态。

要摆脱亚健康状态除了均衡营养、保障睡眠、正视压力外，最重要的是坚持户外有氧运动。

那么，哪些运动是有氧运动呢？有氧运动是强度相对较小、持续时间较长的运动，如步行、慢跑、爬山。而在所有有氧运动中，最安全最好的运动就是步行。这是因为步行不受时间和地点限制，任何人都可以轻而易举地进行，所以步行运动是世界上最好的运动。

居里夫人一生忙于科研，在丈夫不幸去世后，她的工作就更加繁忙了，但她认识到，"科学的基础是健康的身体"，为了科学事业，必须要坚持锻炼，她选择的运动就是散步。

世界著名科学家爱因斯坦惜时如金，但他每天仍然抽出时间从事体育活动。一次，他去比利时访问，国王和王后准备隆重地欢迎这位杰出的科学家。火车站张灯结彩，官员们身着礼服列队在车站迎接，可是，旅客都走光了也不见爱因斯坦的影子。原来，他提着皮箱，拿着小提琴，提前在一个小站下了车，一路步行到王宫。

王后问他："为什么不乘火车到终点站，而偏偏徒步受累呢？"

他笑着回答："王后，请不要见怪，我生平喜欢步行，运动常给我无穷的乐趣。"

现代高度发达的物质文化生活，使一些人在室内有空调、电视、电脑，出门坐汽车，从而远离阳光和新鲜空气，经常处于萎靡不振、忧郁烦闷的状态。因此，每天抽出半小时至一小时，远离喧嚣和嘈杂的环境，走到郊外呼吸新鲜空气，对调节神经系统大为有益。

别在密封罐里健身

现在，健身房越开越多，舒适的条件、健全的设备让很多年轻人，尤其是白领一族热衷去那里运动。到健身房健身可以减轻压力，使人达到身体健康的目的，同时又可以联络朋友感情，但是专家也提出：目前越来越多的健身中心入驻高档写字楼，但办公楼往往存在空气不流通、光照差、灰尘多等弊病使健身房也患上了"大楼综合征"，致使运动者的锻炼效果大打折扣。健身房本身是最需要新鲜空气的地方，尤其是在进行有氧运动时，但如今许多健身中心采用透明玻璃幕墙，以及全封闭式中央空调系统，造成空气交换不充分、二氧化碳堆积，易诱发咽喉炎、气管炎等呼吸道疾病。

阳光不足是写字楼或健身中心都存在的缺陷，极易造成人体缺钙。白领们出了办公室就进健身房，等于是从一个密封罐转到另一个密封罐，锻炼效果可想而知。虽然健身房的各种器械有利于锻炼肌肉的灵活性和力量，有氧操也很吸引人，但科学证明，锻炼身体不能只依赖健身房，应该走到户外去。为此，我们就介绍几种常见的户外运动，以便大家更好地投入到户外运动的行列中去。

（1）跑步。也许你觉得，自己的身体已经很健壮了，但是跑步能让你的肌肉更强健。亚特兰大"东部健身"的运动教练朱莉·豪威克说，采用冲刺跑和慢跑结合可以消耗脂肪。有时候刺激一下身体是有益处的，因为身体不会意识到你下一步要做什么，当机体竭力适应你的运动时就会消耗脂肪。

（2）慢跑。如果跑步不适合你而步行又太枯燥的话，慢跑可能是最适合你的方法。沿着自然的坡度慢跑可以增强你的体力，而且，最好是找个伙伴，坚持和强于你的人一起锻炼，会给你更大的激励。

（3）爬楼梯。楼梯处处都有，比如，通向你办公室的走廊，或者你住所的外面。不要把爬楼梯当成负担，也不要总是依赖于电梯，将它看作是一种练习工具吧。坚持久了，你爬楼后就不会再气喘吁吁，而且，你还会感觉到，你的双腿越来越有力了。

(4) 放风筝。放风筝是一项有益身体健康的户外活动，对高血压、头痛、眼肌疲劳、关节炎等病症特别有效，而且还能放松心情，缓解精神紧张。

(5) 打羽毛球。这项简单得有些过时的运动似乎不会消耗太多的热量。但这种一对一的比赛，可以让你在努力锻炼身体的同时，看到最优异的成绩。

(6) 水中有氧运动。比如游泳，这项运动对于患有关节疾病的女性来说是很不错的选择。它有助于全身力量的加强，也有助于您进行更高级更复杂的训练。

(7) 玩排球。除了特定的排球场地以外，这项运动也可以在沙滩上或沙地上进行，而且会产生意想不到的效果。因为场地的不同，沙地或沙滩会让你的脚更深地踩入地里，你的动作相对来说就会更加用力了。

(8) 骑马。这不仅使你贴近自然，而且还能亲近动物。骑马，即使是最简单的形式，也需要腿部力量并要求肌肉紧绷，这样于无形中就塑造了肌肉的轮廓和线条。

(9) 溜冰。如果你觉得双腿不够强健，那么，滑冰可以提高你的腿部力量，达到步行和跑步无法达到的目的，通过锻炼腿部肌肉，可以让你的身体在几个星期内线条更突出。

(10) 网拍墙球。这项运动一般来说是设在健身场馆内的，另外，在一些大型住宅或健身中心也设有室外球场。因为墙面都是一样的，在室外进行这项运动，几乎不会影响你的运动效果。而且，自然界中的清新空气会让你觉得运动起来更顺畅。因为健身馆里，人造的灯光和封闭的空气，会让你觉得，除了锻炼给你的感觉不错之外，就再没有其他的什么好处了。

总之，户外健身运动方式很多，只要你乐意从密封罐里走出来，走到户外这个天然的健身房里，你就可以充分享受到运动的快乐和愉悦。

运动三原则：择时、择地、择项

“生命在于运动，运动有益健康。”运动是健康之本，18世纪法国医学家蒂索说过：“运动的作用可以代替药物，但所有的药物都不能代替运动。”但并不是随心所欲的运动都是有益的，它要讲究科学和方法。这就是：运动要择时、择地、择项。

1. 择时

根据运动生理学的研究，人体活动受“生物钟”控制，因此按“生物钟”规律来安排运动时间对健康更为有利。

早晨阳光初照，空气新鲜，这时锻炼可以增强体力，提高肺活量，对呼吸系统或患有呼吸道疾病的人大有好处。下午则是强化体力的好时机，肌肉的承受能力较其他时间高出50%，特别是黄昏时分，人体运动能力达到最高峰，视、听等感觉器官较为敏感，而心跳频率和血压上升。晚上运动有助于睡眠，但必须在睡前3～4小时进行，而且强度也不宜过大，否则易导致失眠。

由此可得知，早晨、傍晚、晚上都较适宜运动，但在有些情况下是不宜运动的，这些情况包括：

(1) 进餐后。这时较多的血液流向胃肠道，以帮助食物消化吸收。此时运动会妨碍食物的消化，时间一长还会招致疾病。体弱者进餐后血压会降低，外出活动容易跌倒；患有肝、胆疾病的人此时锻炼还会加重病情。因此，饭后最好静坐或半卧30～45分钟后再到户外活动。

(2) 饮酒后。喝酒后酒精很快被消化道吸收入血液中，并进入脑、心、肝等器官，此时运动将加重这些器官的负担。与餐后运动相比，酒后运动对人体产生的消极影响更大。

(3) 情绪较差时。运动不仅是对身体的锻炼，也是对心理的锻炼。当你生气、悲伤时，不要到运动场上去发泄。运动医学专家的解释是：人的情绪直接影响人体功能的正常发挥，进而影响心脏、心血管及其他器官。因此，不良情绪会抵消运动带给身体的健康效果，甚至产生负面影响。

2. 择地

由于人们运动时要通过呼吸从外界摄入的大量新鲜氧气，以满足健康的需求，所以运动场地以平坦开阔、空气清新的公园、沙滩、体育场等处为佳。

高楼大厦周围和空气污染区域是不适宜运动的。因为高楼大厦周围楼房林立，楼群之间易形成忽强忽弱的风，即高楼风，容易使人受凉感冒。此外，楼群之间也非安全之地，楼上坠落的物体会威胁到锻炼者的安全。

空气污染区域，如工业区、化学气味较浓的场所、烟囱、餐馆附近等，有害气体与浮尘污染空气的情况十分严重。在这些地方运动会增加有害物质的吸入，不但无益甚至有害健康。电磁波干扰严重的区域，诸如高压线、变电站、广播电视发射塔、卫星通信及导航系统附近，都不同程度地存在着电磁波辐射，并形成一种"无形烟雾"，对人体健康极为不利。交通要道及交叉路口附近，这些地方的空气中含有大量微尘，微尘混杂着多种有害物质，从而导致运动时吸入肺部的有害物质增加，这会诱发哮喘发作，还会"株连"心、肝、肾等器官，甚至引发癌症，危害可想而知。

3. 择项

运动者可根据自身的条件从以下几个方面进行选择。

(1) 根据年龄选择。年龄不同，人的精力、体力都会不一样，对运动的耐受力与反应也有差异。运动医学专家建议：20 岁左右，精力旺盛，可以选择高强度的有氧运动，如跑步、拳击、各种对抗性强的球类运动等。这些强度较高的运动项目可以有效地解除精神压力，使全身肌肉更加发达，并能增强耐力与身体的协调性，保持身体的良好状态。30 岁左右，正值壮年的人，可进行攀登、踏板、武术等运动，既可以减轻体重，又能强化肌肉 (特别是腿部和臀部) 的弹性。40 岁左右的人，宜选择爬楼梯、网球、游泳等强化全身肌肉的运动，以保持正常体重，延缓衰老。50 岁左右，这时人的精神和体力均有不同程度的下降，适合划船、打高尔夫球等较温和的运动，以加强全身肌肉及骨骼密度，重新塑造自身形象。

（2）根据兴趣选择。选择你最喜欢的项目，以便在运动前酝酿出一种跃跃欲试的情绪。研究资料表明，对某种运动的兴趣越浓，其健身效果越好。

（3）根据病种选择。在进行锻炼时不能不考虑身体患有某种疾病的因素。高血压患者：适合散步、骑车、游泳等，通过全身肌肉的反复收缩，使血管舒缩，有助于血压下降；心脏病患者：心功能Ⅰ级和Ⅱ级的轻症病人可选择散步、慢跑等运动，心功能Ⅲ，Ⅳ级或心绞痛发作频繁者可做一些如太极拳等轻微的运动，以不增加心跳次数为宜；哮喘病患者：跑步、球类、骑车等可诱发哮喘发作，不宜进行，游泳、棒球、滑雪等运动项目则可改善症状，其中游泳尤佳。

第四节　自我调适，让心灵沐浴阳光

一个人的健康不仅包括身体健康，还包括心理健康。只有拥有健康的心理才能应付竞争和挑战，才能保持快乐的心境，才能拥有幸福。那么我们又该如何做呢？

缓解压力，平衡心理

生活中，我们会面临各种各样的压力，比如情感压力、精神压力、生理压力等等。面对诸多压力，如何调节自己的情绪，使心理、生理处于良好状态尤为重要。

在一次火灾事故中，人们从废墟中救出了一双孪生兄弟，他们是这次灾难中仅存的两个人。

尽管他们从死神手里逃了出来，然而却被无情的大火烧得面目全非。他们被送往当地的一家医院。后来，哥哥经常对医生唉声叹气地说："我被烧成了这个样子，以后还怎么出去见人，还怎么养活自己呢？与其赖活还不如死了算了。"弟弟则经常劝哥哥说："这次大火只有我们俩得救了，因此我们的生命显得尤为珍贵，我们的生活最有意义。"

兄弟俩出院后，哥哥整日生活在灾难的阴影中，面对别人的讥讽，始终抬不起头来。渐渐地他对生活完全失去了信心，再也没有了活下去的勇气，于是偷偷地服了大量的安眠药，结束了自己年轻的生命。弟弟却时常提醒自己："我的生命比谁都高贵。"无论遇到多少冷嘲热讽，他都咬紧牙关挺过去，坚强地活了下来。

一天，弟弟在为别人送货的路上发现不远处的一座桥上站着一个人。他预感到情况不太妙，于是急忙停车向那个人跑去。可是没等他跑到跟前，年轻人已经跳下了河。这时，他勇敢地跳下河，将年轻人救了上来。

原来这个年轻人十分富有，只因经受不了失恋的打击而产生了轻生的念头。后来，年轻人决定帮助弟弟成就一番事业。这样，弟弟从一个薪水微薄的送货司机，凭借自己的诚信经营，逐渐发展成为一个拥有数百万资产的富翁。

压力其实不可怕，若我们能采取积极的态度加以对待，那么压力就会成为成功的动力。不信可以看看这则故事。

日本的北海道盛产一种味道奇特的鳗鱼，海边渔村的许多渔民都以捕捞鳗鱼为生。这种鳗鱼的生命非常脆弱，只要一离开深海区，过不了半天就会全部死亡。

有一位老渔民天天出海捕捞鳗鱼，奇怪的是，返回岸边之后，他的鳗鱼总是活蹦乱跳。而其他捕捞鳗鱼的渔民，无论怎样努力，捕捞到的鳗鱼回港后全是死的。

由于鲜活鳗鱼的价格要比冷冻的鳗鱼贵出一倍，所以没几年工夫，老渔民便成了远近闻名的富翁。周围的渔民做着同样的事情，却一直只能维持温饱。

后来，人们才发现其中的奥秘。原来鳗鱼不死的秘诀，就是在整舱的鳗鱼中放进几条狗鱼。

鳗鱼与狗鱼是出了名的死对头。几条势单力薄的狗鱼遇到成舱的对手，便惊慌地在鳗鱼堆里四处乱窜，这样一来，整船死气沉沉的鳗鱼全部被激活了。

没有压力就没有动力。适度的压力可以挖掘人的潜能，对人大有益处。但是物极必反，如果压力过度，就会出生理和心理等方面的不良反应，比如心跳加快、失眠、忧虑、急躁恐惧等，这时减压刻不容缓。那么，下面我们就跟大家一起分享几种减压放松技巧。

(1) 用音乐消除紧张。一些被称为"新时代音乐制品"的录音带专门用来安抚人的紧张情绪。许多音像制品商店出售一些具有天然安抚声音的磁带和光盘，如小溪的潺潺流水声，大海的波涛声，暴风雨的声音。聆听音乐可以迅速消除一些紧张气氛。

(2) 泡个热水澡。热水可以使紧张的身体放松，安抚你的灵魂。泡个热水澡，洗一次温泉浴，或者仅仅冲一次热水澡都能使你放松。

(3) 保持积极的态度。如何评价我们周围的环境——一种内心深处的心灵对话——常常影响我们的情绪。

乐观的态度可以消除压力。如果发生了什么不顺心的事，你周围的人都认为上苍对你不公时，往往有好的东西潜伏在不幸的背后，你只需认真思考一分钟，它们就会改变你的整个生活。困难是机遇，它们是重新开始的起点。很明显，胜利者从不把暂时的挫折看成是万劫不复的悲剧结局。把失败看成悲剧的思维方式是传播压力的瘟疫，我们必须克服它，改变它，学会摆脱它。

(4) 向消极挑战。如果你感到绝望、痛苦，抱怨或感到自己受到了不公正待遇，那么现在就对你的思想进行一次军事检阅，找出不合逻辑的原因，然后改正它。

(5) 努力改变一切。确认你生活中的压力因素。然后看一看，你是否可以减轻它们的负面影响——也许可以改变它们，或抛弃它们，或换个角度分析它们。要学会对付潜在的压力。

(6) 抓住时机。学会大致安排时间。做一张时间表，在上面写上日期和星期，列出优先要做的事情，根据重要性和紧急程度列出先后次序。不要仅仅考虑紧急程度，因为它通常具有巨大的诱惑性。同安排时间工作同样重要的是安排时间休息和娱乐。

(7) 解决自己的难题。戴尔·卡耐基在他的名著《如何停止担心和开始生活》中写道，将你的难题用一两句话写在纸上，这可以缓解你的紧张，使你确定问题的大小，而不是像在脑袋里隐约闪现的那样大。在不确定一个问题大小之前，你不可能解决它。

(8) 根据积极面做出决定。确定了问题之后，看一看导致问题的原因，然后获得尽可能多的资料，尽量保持公正客观，列出所有可能的解决方案，选择最好的一种，然后依照方案去做好了，因为你已尽了最大的努力。这样做可以消除你对该问题的担心。如果某个解决办法不奏效，你可以重新开始这一过程。

(9) 安排好自己的工作。每天下班之前安排好第二天的工作。这样，你就不会感到时间总是催促你，以及受一些没有事先安排预料不到的事情的折磨。

(10) 休息片刻。如果你伏案工作，每隔 30 分钟左右要站起来活动活动，放松一下紧张的肌肉。当你完成一项主要任务时，要奖励自己短暂的休息。呼吸些新鲜空气，可以散步 5 分钟，或者喝一杯茶。找到你自己喜爱的、可以纵情享受生活的休息方式。

走出自卑的泥潭

李白在《将进酒》中以"天生我材必有用"这种豪迈的气势体现他的自信。但是在如今这个竞争激烈的社会，有些人则低叹"天生我材……无用"。人的自卑心理来源于自我的否定，即对自己的能力、学识等自身因素自我评价过低。长期被自卑笼罩的人，他们会觉得生活没有意义，会因此轻视自己。

杨广，出生于某偏僻山区一户贫农家庭，祖祖辈辈都是老实巴交的农民。他从小就饱受欺凌，忍气吞声，躲躲藏藏。但他脑子聪明，又刻苦用功，终于一步步升学，最后考上了某民族学院。

大学生，世人谓之天之骄子，应该说每个人都有一定的自豪感和优越感，可他没有，相反，那种自卑心理、封闭意识更严重。

他从周围人的衣着打扮、生活用品、谈吐、知识乃至家庭发展状况中得出一个结论：自己的一切都不如他人，自己家乡的一切都不如他人的家乡，自己不好意思甚至不配与他们一起谈话做事。

于是，他从不敢进歌厅舞厅，从不主动与同学们说话，低着头走路，蒙着头睡觉。班里系里组织的文娱、体育活动，他能逃避尽量逃避，不能逃避则蹲角落、排队尾，唯一的想法是不进入同学们的视野。他总觉得，人家的目光充满挑剔、讽刺、挖苦和嘲笑。

一次，班里组织元旦联欢晚会，他去了。同学们击鼓传花表演节目，他坐在角落里局促不安，非常紧张。当鼓点在他那里停止时，他窘迫得面色苍白，尴尬难堪了一阵后，冲出了房间，眼泪在眼眶里打转。还有一次，班里过中秋节聚餐，同学们都兴致勃勃、意趣盎然。当大家举酒为全班同学的友谊干杯时，竟发现他不在。班长回宿舍一看，他正把头蒙在被子里抽泣。

杨广的孤独生活，同学和班干部都看在眼里，但是他强烈的自卑心理和封闭意识，总是拒人于千里之外。随着时间的拉长，没有人再觉得他奇怪，虽哀叹其不幸，但没有人再主动找他说话，帮助他。他总唉声叹气，愁眉苦脸，极端消沉，没有一点精神，对任何事没有一点兴趣。

随着课程与心理负荷的加重，他终于在大学二年级下学期时精神崩溃了。

那个学期期末考试，他有3门学科科不及格。按照学校规定，应该留级，还需交500元学费。这对本来心理压力就很重的他来说，无异于伤口撒盐。同学们观察到，他得知这一消息后，坐立不安，茶饭不思，当天夜里，他失踪了。

第三天，人们在学校后面的湖里发现了他的尸体。他背着一大口袋石头跳湖自杀了。

自卑就像蛀虫一样吞噬着你的生命，它是快乐生活的拦路虎，只有战胜它，人们才能快乐生活。

"天下无人不自卑",无论圣人贤士,还是富豪王者,抑或布衣贫农。自卑是人生最大的跨栏,每个人都必须成功跨越它,才能达到人生的巅峰。

十几年前,他从一个仅有20多万人口的北方小城考进了北京的大学。上学的第一天,与他邻桌的女同学第一句话就问他:"你从哪里来?"而这个问题正是他最忌讳的,因为在他的逻辑里,出生于小城,就意味着小家子气,没见过世面,肯定被那些来自大城市的同学瞧不起。

就因为这个女同学的问话,使他一个学期都不敢和同班的女同学说话,以致一个学期结束的时候,很多同班的女同学都不认识他!

很长一段时间,自卑的阴影都占据着他的心灵。最明显的表现就是每次照相,他都要下意识地戴上一个大墨镜,以掩饰自己的内心。

20年前,她也在北京的一所大学里上学。

大部分日子,她也都在疑心、自卑中度过。她疑心同学们在暗地里嘲笑她,嫌她肥胖的样子太难看。

她不敢穿裙子,不敢上体育课。大学结束的时候,她差点儿毕不了业,不是因为功课太差,而是因为她不敢参加体育长跑测试!老师说:只要你跑了,不管多慢,都算你及格。可她就是不跑。她想跟老师解释,她不是在抗拒,而是因为恐慌,恐惧自己肥胖的身体跑起来一定非常的愚笨,一定会遭到同学们的嘲笑。可是,她连向老师解释的勇气也没有,茫然不知所措,只能傻乎乎地跟着老师走。老师回家了,她也跟着。最后老师烦了,勉强算她及格。

在最近播出的一个电视晚会上,她对他说:"要是那时候我们是同学,可能是永远不会说话的两个人。你会认为,人家是北京城里的姑娘,怎么会瞧得起我呢?而我则会想,人家长得那么帅,怎么会瞧得上我呢?"

他,现在是中央电视台著名节目主持人,经常对着全国几亿电视观众侃侃而谈,他主持节目给人印象最深的就是从容自信。他的名字叫白岩松。

她,现在也是中央电视台的著名节目主持人,而且是完全依靠才气而并非凭借外貌走上中央电视台主持人岗位的。她的名字叫张越。哇——原来是他们，原来他们也会自卑，原来自卑是可以彻底摆脱的。

自卑就像泥潭一样，如果你走不出来，那么你就会越陷越深；如果走出来了，那么就会有一片新的天地。

自卑是你走向成功的绊脚石，只有自信才能克服自卑心理，建立自信最快捷有效的办法有以下几个：

1. 睁大眼睛，正视别人

眼睛是心灵的窗口，一个人的眼神可以折射出性格，透露出情感，传递出微妙的信息。不敢正视别人，意味着自卑、胆怯、恐惧；躲避别人的眼神，则折射出阴暗、不坦荡的心态。正视别人等于告诉对方："我是诚实的，光明正大的；我非常尊重你，喜欢你。"因此，正视别人是心态积极的反映，是自信的象征，更是个人魅力的展示。

2. 昂首挺胸，快步行走

许多心理学家认为，人们行走的姿势、步伐与其心理状态有一定关系。懒散的姿势、缓慢的步伐是情绪低落的表现，是对自己、对工作以及对别人不愉快感受的反映。倘若仔细观察就会发现，身体的动作是心灵活动的反映。那些遭受打击、被排斥的人，走路总是拖拖拉拉，缺乏自信。反过来，通过改变行走的姿势与速度，有助于心境的调整。要表现出超凡的信心，走起路来应比一般人快。将走路速度加快，就仿佛告诉整个世界："我要到一个重要的地方，去做很重要的事情。"步伐轻快敏捷，昂首挺胸，会给人带来明朗的心境，会使自卑逃遁，使自信的魅力绽放。

3. 学会微笑

大部分人都知道笑能给人自信，它是医治信心不足的良药。但是仍有许多人不相信这些，因为在他们恐惧时，从不试着笑一下。

真正的笑不但能治愈自己的不良情绪，还能马上化解别人的敌对情绪。如果你真诚地向一个人展颜微笑，他们就会对你产生好感，这种好感足以使你充满自信。正如一首诗所说："微笑是疲倦者的休息，沮丧者的白天，悲伤者的阳光，大自然的最佳营养。"

4. 练习当众发言

在大庭广众讲话，需要巨大的勇气和胆量，是克服自卑最为有效的方法。想一想，你的自卑心理是否多次产生在这种情况下？其实当众讲话，谁都会害怕，只是程度不同而已。所以你不要放过每一次当众发言的机会。在我们周围，有很多思路敏锐、天资颇高的人，却无法发挥他们的长处参与讨论。并不是他们不想参与，而是缺乏信心。

在公众场合，沉默寡言的人都认为："我的意见可能没有价值，如果说出来，别人可能会觉得很愚蠢，我最好什么也别说，而且，其他人可能都比我懂得多，我并不想让他们知道我是这么无知。"这些人常常会对自己许下渺茫的诺言："等下一次再发言。"可是他们很清楚自己是无法实现这个诺言的。每次的沉默寡言，其实都是又中了一次缺乏信心的毒素，会愈来愈丧失自信。尽量发言就会增加信心。不论是参加什么性质的会议，每次都要主动发言。有许多原本木讷或有口吃的人，都是通过练习当众讲话而变得自信起来的，如萧伯纳、田中角荣、德谟斯梯尼等。因此，当众发言是信心的"维生素"。

摆脱抑郁的束缚

每个人都有不快乐和心情不好的时候，抑郁是人们特别是年轻人常有的情绪，是一种感到无力应付外界压力而产生的消极情绪，被称为"心灵流感"。作为现代社会的一种普遍情绪，抑郁并没有引起人们足够的重视，然而较长时间的抑郁会让人悲观失望、心智丧失、精力衰竭、行动缓慢。患了抑郁症的人长期生活在阴影中无力自救，只有积极调整自己的心态，才能走出抑郁的阴霾，重见灿烂的阳光。

对于有抑郁心态的人，所有怜悯都不能穿透那堵把他们和世人隔开的墙壁。在这封闭的墙内，他们不仅拒绝别人哪怕是极微小的帮助，而且还用各种方式来惩罚自己。在抑郁这座牢狱里，他们同时充当了双重角色：受难的囚犯和残酷的罪人。正是这种特殊的心理屏障——"隔离"——把抑郁感和通常的不愉快的感受区别了开来。尽管在抑郁的牢狱里你是孤独的，但抑郁感也不单纯是孤独感。抑郁感产生的这种"隔离"改变了你对周围环境的正常感受。

有一名中年男子在他患抑郁症期间说了一段撼人心魄的话：

"现在我成了世上最可怜的人。如果我个人的感受能平均分配到世界上的每个家庭中。那么，这个世上将不再会有一张笑脸，我不知道自己能否好起来，我现在这样真是很无奈。对我来说，或者死去，或者好起来，别无他路。"

这名中年男子就是亚伯拉罕·林肯，作为美国第 16 任总统，林肯也未能幸免于抑郁症的折磨，并且这种绝望困扰了他一生。虽然林肯能够预见自己的未来，知道自己会成为最受世人景仰的总统之一，但这丝毫不能减少他的抑郁。抑郁症是如此顽固，它甚至可以毫无阻拦地闯入人们的生活，无论这个人拥有怎样的成就、社会地位、教育水平、财富、宗教信仰或文化，都有患上抑郁症的可能性。

张薇是机关的女职员。今年 30 岁的她出生在农民家庭，父母均无文化。她自小勤奋好学，家中寄予她的希望很大，她也想依靠自身的努力使父母生活得更好一些，因此，她自小就埋头苦读，从小学到高中，再到大学，她的学习成绩都很好。由于一心读书，张薇很少交朋友，根本没有什么知心伙伴，因此，张薇常感到很孤单，很寂寞，尤其是参加工作后，工资较低，无法接济父母，她更是经常自责。

另一方面，她很难与人相处，总是一人独来独往，虽然她心中很想与人交往，但不敢，也不知道怎样去结交朋友。4 年前她经人介绍和某同事结婚了，但两人感情基础不好，常为一些小事吵架。因此，两年来她有一种难以言状的苦闷与忧郁感，却说不出什么原因，总是感到前途渺茫，一切都不顺心，总是想哭，但又哭不出来，即使是遇到喜事，张薇也毫无兴奋的心情。过去她经常看电影，听音乐，但后来也感到索然无味。工作上亦无法振作起来。她深知自己如此长期忧郁愁苦会伤害身体，但苦于无法解脱，并逐渐导致睡眠不好，多噩梦及胃口不好。有时她感到很悲观，甚至想一死了之，但对人生又有留恋，觉得死得不值得，因而下不了决心。

抑郁让张薇徘徊在生与死的边缘，久难抉择，张薇的痛苦是每一个抑郁的人都有过的体验。

抑郁就好像透过一层黑色玻璃看一切事物。无论是你自己，还是世界或未来，任何事物看来都处于同样的阴郁而暗淡的光线之下。柴可夫斯基的抑郁人生和创作让我们不得不回想自己的过去，记忆中充满着一连串的失败、痛苦，而那些你曾经认为是成就或成功的事情，包括你的爱情和友谊，现在看来都一文不值了。你的回忆已经被罩上了抑郁的色彩。一旦戴上这副黑色的滤光镜，你就再也不能在其他的光线下观察事物了。消极的思想与抑郁相伴：情绪低落导致消极的思想和回忆，反之，消极的思想和回忆又导致情绪低落。如此反复下去，形成了一个持久而日益严重的抑郁恶性循环。

抑郁是禁锢人们心灵的枷锁，困扰着人们不能在现实的世界中调适自我，只能渐渐退缩到自己的小天地里逃避抑郁。

为了使我们的生活永远充满阳光，为了使每个人都有健康向上的心理，我们应积极寻找各种方法来克服抑郁。

美国学者卡托尔认为，不同的人会进入不同的抑郁状态，但是他只要遵照以下 14 项法则，抑郁的症状便会很快消失，这 14 项法则包括：

(1) 必须遵守生活秩序。与人约会要准时到达，饮食休闲要按部就班，从稳定规律的生活中领会自身的情趣。

(2) 留意自己的外观。身体要保持清洁卫生，不得身穿邋遢的衣服，房间院落也要随时打扫干净。

(3) 即使在抑郁状态下，也决不放弃自己的学习和工作。

(4) 不得强压怒气，对人对事要宽宏大度。

(5) 主动吸收新知识，"活到老学到老"。

(6) 建立挑战意识，学会主动接受挑战，并相信自己能成功。

(7) 即使是小事，也要采取合乎情理的行动；即使你心情烦闷，仍要特别注意自己的言行，不能违背生活情理。

(8) 对待他人的态度要因人而异。具有抑郁心情的人，对外界每个人的反应、态度几乎相同，这是错误的，如果你也有这种倾向，应尽快纠正。

(9) 拓宽自己的兴趣范围。

(10) 不要将自己的生活与他人的生活作比较。如果你时常把自己的生活与他人作比较，表示你已经有了潜在的抑郁症状，应尽快克服。

(11) 最好将日常生活中美好的事记录下来。

(12) 不要掩饰自己的失败。

(13) 必须敢于尝试以前没有做过的事，要积极地开辟新的生活园地，使生活更充实。

(14) 与精力旺盛对生活充满希望的人交往。

铲除浮躁的种子

现代社会的生活节奏日益加快，很多年轻人都感到心里不堪重负，由此衍生出浮躁心理。浮躁是当前普遍存在的一种病态心理表现。具有浮躁心理的人做任何事情都没有恒心，见异思迁，急功近利。一个人如果具有浮躁心理，想一口吃成胖子，那么做任何事情都不会成功的。

古时候有兄弟二人，都很有孝心，每日上山砍柴卖钱为母亲治病。神仙为了帮助他们，便教他们二人用四月的小麦、八月的高粱、九月的稻、十月的豆、腊月的雪，放在千年泥做成的大缸内密封七七四十九天，待鸡叫三遍后取出，汁水可卖钱。兄弟二人各按神仙教的办法做了一缸。待到第四十九天鸡叫二遍时，老大耐不住性子打开了缸，一看里面是又臭又黑的水，便生气地洒在地上。老二坚持等到了鸡叫三遍后才揭开缸盖，里面是又香又醇的酒，因此"酒"与"洒"字差了一小横。

当然这只是一个故事，酒字的来历未必是这样的，但这个故事却说明了一个深刻的道理：成功与失败，平凡与伟大，往往没有多大的距离，就在一步之间，咬紧牙关向前迈一步就成功了；停住了，泄气了，只能是前功尽弃。这一步就是韧劲的较量，是意志力的较量。

古人云："锲而舍之，朽木不折。锲而不舍，金石可镂。"成功人士的秘诀就在于，他们将全部的精力、心力放在同一目标上。许多人虽然很聪明，但心存浮躁，做事不专一，缺乏意志和恒心，到头来只能是一事无成。

伴随着社会转型期的社会利益与结构的大调整，有可能使一部分原来在社会中处于优势的人"每况愈下"，而原来在社会中处于劣势的人反而占据了优势。每个人都面临着一个在社会结构中重新定位的问题，即使家财万贯也不能保证他永远挥霍无度。那些处于社会中游状态的人更是患得患失、战战兢兢，在上游与下游两处徘徊犹疑。于是，心神不宁、焦躁不安、迫不及待，已成为一种社会心态。

有人在风云变幻中依然泰然自若、气定神闲。而另外一些人，却总是在与他人的攀比中心神不宁，他们渐渐觉出了自己对社会生存环境的不适应，从而对自己的生存状态不满意，于是欲望油然而生。在拜金主义、享乐主义、投机主义所荡涤的躁动化的社会心态驱使下，不少人只有一个目标——为金钱而奋斗。但他们奋斗又缺乏恒心与务实精神，缺乏对自己的智力与发展能力的准确定位，因而这些人显得异常脆弱、敏感、冒险，稍有"诱惑"就会盲从。

古代有一个年轻人想学剑法。于是，他就找到一位当时武术界最有名气的老者拜师学艺。老者把一套剑法传授与他，并叮嘱他要刻苦练习。一天，年轻人问老者："我照这样练习，需要多久才能够成功呢？"老者答："3个月。"年轻人又问："我晚上不去睡觉来练习，需要多久才能够成功？"老者答："3年。"年轻人吃了一惊，继续问道："如果我白天黑夜都用来练剑，吃饭走路也想着练剑，又需要多久才能成功？"老者微微笑道："30年。"年轻人愕然……年轻人练剑如此，我们生活中要做的许多事情同样如此。切勿浮躁，遇事除了要用心用力去做，还应顺其自然，才能够成功。

生活中，无论是名不见经传的普通人，还是声名显赫的企业家，都很容易被暂时的胜利冲昏头脑，在浮躁心理的驱使下步入歧途。所以我们一定要戒除浮躁心理，不要让它葬送了我们美好的人生。那么怎样才能让躁动的心安静呢？

1. 在攀比时要知己知彼

"有比较才有鉴别"，比较是人获得自我认知的重要途径，然而比较要得法，即"知己知彼"，知己又知彼才能知道是否具有可比性。例如，相比的两人能力、知识、技能、投入是否一样，否则就无法作比，从而得出的结论就会是虚假的。有了这一条，人的心理失衡现象就会大大减少，也就不会产生那些心神不宁、无所适从的感觉了。

2. 自我暗示

自我暗示是控制情绪的一个简捷而实用的好方法。例如你可以这样暗示自己：无论面对怎样的处境，总会有一种最好的选择，我要用理智来控制自己，绝不让情绪来主导我的行动。只要我善于控制自己的情绪，我就是一个战无不胜、积极快乐的人。

3. 开拓当中要有务实精神

改革需要有开拓、创新、竞争的意识，但是也要有持之以恒、任劳任怨的务实精神。务实就是"实事求是，不自以为是"，是开拓的精神基础。没有务实精神，开拓只是花拳绣腿，这个道理是人人都应该懂得的。

4. 遇事要善于思考

不能崇尚拜金主义、个人主义、盲从主义，考虑问题应从现实出发，不能跟着感觉走，不做违法违纪的事；要看到命运就掌握在自己手里，道路就在脚下；看问题要站得高、看得远，做一个实在的人。

走出自闭，沐浴群体阳光

清新县三坑镇大元村女子何瑞金，自1984年以来，把自己封闭在2平方米的蚊帐内，不读书报，不听音乐，不看电视，不与人说话，整天坐卧在床上，连家人也难见其一面，一日三餐全靠家人送入闺房中的椅子上。据其亲属介绍，她的房间异常简陋，只有一床、一凳、一钵、一壶、一电灯、一小窗，还有一顶近20年不让家人换洗、已辨不出颜色的蚊帐。

何瑞金的这种做法是典型的自闭。自我封闭的人将自己与外界隔绝开来，很少或根本没有社交活动，除了必要的工作、学习、购物以外，大部分时间将自己关在家里，不与他人交往。自我封闭者都很孤独，没有朋友，甚至害怕社交活动。

有封闭心理的人不愿与人沟通，很少与人讲话，不是无话可说，而是害怕或讨厌与人交谈，前者属于被动型，后者属于主动型。他们只愿意与自己交谈，如写日记、撰文咏诗，以表志向。自我封闭行为与生活挫折有关，有些人在生活、事业上遭到挫折与打击后，精神上受到压抑，对周围的环境逐渐变得敏感，觉得不可接受，于是出现回避社交的心理。

自我封闭心理实质上是一种防御心理。由于个人在生活及成长过程中常常可能遇到一些挫折，挫折引起个人的焦虑。有些人抗挫折的能力较差，使得焦虑越积越多，他只能以自我封闭的方式来逃避环境，降低挫折感。

一个富翁和一个书生打赌，让这位书生单独在一间小房子里读书，每天有人从高高的窗外往里面递饭。假如能坚持10年的话，这位富翁将满足书生所有的要求。于是，这位书生开始了一个人在小房子里的读书生涯。他与世隔绝，终日只有伸伸懒腰，沉思默想一会儿。他听不到大自然的天籁之声，见不到朋友，也没有敌人，他的朋友和敌人就是他自己。于是很快书生就放弃了这次打赌。

人不能离开群体而独自面对生活，我们生下来就面对着一个花花绿绿的世界。我们不谈论金钱，最多我们沦为穷人；我们不谈论权力，最无奈我们也就是个平民；我们不谈论物欲和诱惑，我们最终将会心静如水；但我们不能不说感情，不能不说相互依伴，不能不说手和手真诚相握，心与心合拍地共鸣。如果不说这些，我们就会变成痴人，我们的心很快就会被荒芜吞噬。

如果一个人总是将自己封闭在一个狭窄的圈子内，对自己、对社会都没有好处，所以自闭的人都应走出自我封闭的圈子，注意倾听自己心灵的声音，并大胆表现它的美好和幸福。

当一个人要压抑自己的感情想把它封闭起来时，他有必要自问：我怕的是什么？我为什么不能更自由、更真实地生活在世界上，而是生活在自闭的圈子里？

走出自我封闭的圈子，你就要多交些朋友，多开展些社交活动。自闭的人应保持身心的活跃状态，以积极的生活态度待人处世，树立确实可行的生活目标，既对明天充满希望，又珍惜每一个今天；正确对待挫折与失败，以"失败为成功之母"的格言来激励自己，信念不动摇、行动不退缩；乐于与人交往，加强信心与情感的交流，增进相互间的友谊与理解，得到勇气和力量；增加适应能力，培养广泛的兴趣爱好，保持思维的活跃。

为了使自己生活得更快乐、更有意义，请走出自我封闭的圈子，重视自己的内心世界。为此，我们要做到以下几个方面：

1. 顺其自然地去生活

不要为一件事没按计划进行而烦恼，不要为某一次待人接物时准备不够周全而自怨自艾。如果你对每件事都精心策划以求万无一失的话，你就会不知不觉地把自己的感情紧紧封闭起来。

我们应该重视生活中偶然的灵感和乐趣，快乐是人生的一个重要价值标准，有时能让自己高兴一下就行，不要整日为了一个目的，为解决某一项难题而奔忙。

2. 不要掩饰自己的真实感情

如果你和你的挚友分离在即，你不必为了避免让他人看到自己流泪而躲到洗手间去。为了怕人说长道短而把自身最有价值的情感掩饰起来，这种做法没有任何道理。

生活中许许多多的事都是这样，需要遵从你的心，听取你心灵的声音。正如巴鲁克教授所说，这样即使做错了事我们也不会难过。

3. 信任他人

如果你对新结识的人表现冷淡，这往往意味着你对他人的信任感已被自我封闭的重压毁灭了。那么，你就不能从周围的人群中获得乐趣。

这时，你应该放慢自己紧张的生活节奏，不妨和初次见面的人打打招呼；或者在你常去买东西的小店里和售货员聊聊；或者和刚结识的新朋友一道参加郊游。努力寻找童年时交友的感觉，信任他人和你自己，而不要每时每刻都疑窦丛生。

4. 学会对自己说"没关系"

孩子们常常发出无缘无故的笑声，他们的烦恼从不闷在心里。而成年人却常常会被生活中各种各样伤脑筋的事压得两腿打战。生活中真有那么多的烦恼吗？其实，许多事并没有什么大不了的，只是我们把它放大了而已。我们要学会对自己说"没关系"，这样我们的生活里就会充满开怀的笑声。